U0162706

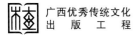

广西优秀传统文化
出版工程

"自然广西"丛书

万山竞秀

侯珏 著

微信/抖音扫码

广西科学技术出版社
·南宁·

图书在版编目（CIP）数据

万山竞秀 / 侯珏著 . —南宁：广西科学技术出版社，2023.9
（"自然广西"丛书）
ISBN 978-7-5551-1981-4

Ⅰ.①万… Ⅱ.①侯… Ⅲ.①山—广西—普及读物 Ⅳ.① P942.670.76-49

中国国家版本馆 CIP 数据核字（2023）第 168080 号

WANSHAN JINGXIU

万山竞秀

侯 珏 著

出 版 人：梁 志	**装帧设计**：韦娇林 陈 凌
项目统筹：罗煜涛	**美术编辑**：韦娇林
项目协调：何杏华	**责任校对**：苏深灿
责任编辑：袁 虹 黎 坚	**责任印制**：陆 弟

出版发行：广西科学技术出版社
社　　址：广西南宁市东葛路 66 号
邮政编码：530023
网　　址：http://www.gxkjs.com
印　　制：广西壮族自治区地质印刷厂

开　　本：889 mm×1240 mm　1/32
印　　张：6
字　　数：130 千字
版　　次：2023 年 9 月第 1 版
印　　次：2023 年 9 月第 1 次印刷
书　　号：ISBN 978-7-5551-1981-4
定　　价：36.00 元

总序

江河奔腾，青山叠翠，自然生态系统是万物赖以生存的家园。走向生态文明新时代，建设美丽中国，是实现中华民族伟大复兴中国梦的重要内容。

进入新时代，生态文明建设在党和国家事业发展全局中具有重要地位。党的二十大报告提出"推动绿色发展，促进人与自然和谐共生"。2023 年 7 月，习近平总书记在全国生态环境保护大会上发表重要讲话，强调"把建设美丽中国摆在强国建设、民族复兴的突出位置"，"以高品质生态环境支撑高质量发展，加快推进人与自然和谐共生的现代化"，为进一步加强生态环境保护、推进生态文明建设提供了方向指引。

美丽宜居的生态环境是广西的"绿色名片"。广西地处祖国南疆，西北起于云贵高原的边缘，东北始于逶迤的五岭，向南直抵碧海银沙的北部湾。高山、丘陵、盆地、平原、江流、湖泊、海滨、岛屿等复杂的地貌和亚热带季风气候，造就了生物多样性特征明显的自然生态。山川秀丽，河溪俊美，生态多样，环境优良，物种丰富，广西在中国乃至世界的生态资源保护和生态文明建设中都起到举足轻重的作用。习近平总书记高度重视广西生态文明建设，称赞"广西生态优势金不换"，强调要守护好八桂大地的山水之美，在推动绿色发展上实现更大进展，为谱写人与自然和谐共生的中国式现代化广西篇章提供了科学指引。

生态安全是国家安全的重要组成部分，是经济社会持续健康发展的重要保障，是人类生存发展的基本条件。广西是我国南方重要生态屏障，承担着维护生态安全的重大职责。长期以来，广西厚植生态环境优势，把科学发展理念贯穿生态文明强区建设全过程。为贯彻落实党的二十大精神和习近平生态文明思想，广西壮族自治区党委宣传部指导策划，广西出版传媒集团组织广西科学技术出版社的编创团队出版"自然广西"丛书，系统梳理广西的自然资源，立体展现广西生态之美，充分彰显广西生态文明建设成就。该丛书被列入广西优秀传统文化出版工程，包括"山水""动物""植物"3个系列共16个分册，"山水"系列介绍山脉、水系、海洋、岩溶、奇石、矿产，"动物"系列介绍鸟类、兽类、昆虫、水生动物、远古动物、史前人类，"植物"系列介绍野生植物、古树名木、农业生态、远古植物。丛书以大量的科技文献资料和科学家多年的调查研究成果为基础，通过自然科学专家、优秀科普作家合作编撰，融合地质学、地貌学、海洋学、气候学、生物学、地理学、环境科学、历史学、考古学、人类学等诸多学科内容，以简洁而富有张力的文字、唯美的生态摄影作品、精致的科普手绘图等，全面系统介绍广西丰富多彩的自然资源，生动解读人与自然和谐共生的广西生态画卷，为建设新时代壮美广西提供文化支撑。

八桂大地，远山如黛，绿树葱茏，万物生机盎然，山水秀甲天下。这是广西自然生态环境的鲜明底色，让底色更鲜明是时代赋予我们的责任和使命。

推动提升公民科学素养，传承生态文明，是出版人的拳拳初心。党的二十大报告提出，"加强国家科普能力建设，深化全民阅读活动"，"推进文化自信自强，铸就社会主义文化新辉煌"。"自然广西"丛书集科学性、趣味性、可读性于一体，在全面梳理广西丰富多彩的自然资源的同时，致力传播生态文明理念，普及科学知识，进一步增强读者的生态文明意识。丛书的出版，生动立体呈现八桂大地壮美的山山水水、丰盈的生态资源和厚重的历史底蕴，引领世人发现广西自然之美；促使读者了解广西的自然生态，增强全民自然科学素养，以科学的观念和方法与大自然和谐相处；助力广西守好生态底色，走可持续发展之路，让广西的秀丽山水成为人们向往的"诗和远方"；以书为媒，推动生态文化交流，为谱写人与自然和谐共生的中国式现代化广西篇章贡献出版力量。

"自然广西"丛书，凝聚愿景再出发。新征程上，朝着生态文明建设目标，我们满怀信心、砥砺奋进。

纵情山水间
领略广西之美

走遍八桂
秀美山川

远眺
名山大川
沉浸式感受名山魅力 理解背后华夏文明

看见
青山妩媚
短视频讲解本书内容 快速获取核心观点

拓宽
阅读视野
出版社品质好书推荐 完善你的知识地图

身处
重峦叠嶂
黄山水画卷中的广西 守护珍贵自然遗产

目录

微信 / 抖音扫码

综述：八桂山川浩如海

　　在华夏大地的版图中，广西、广东和海南三省（区）所处区域自古被称为岭南、领表或岭外，令中原人士遐想联翩。不仅是因为边疆地区路途遥远，更重要的是横亘在两广与湘赣之间的南岭山脉将长江以南的广大华南地区隔开，在近海一方形成独特的地理气候和人文环境。

　　先秦时期，因重山阻隔，只有极少数人能翻越崇山峻岭，深入两广腹地。在高原压境、峡谷险峻、丘陵密布、地形复杂的桂西北地区，滇、蜀、黔地区的先民很难向东南方的百越地域长途迁徙。《史记》记载，公元前一二世纪蜀中出产的蒟酱出现在南越，由商贩走水路转折夜郎，再到沿海地区，行程万分艰辛。此外，北方和中原若要与岭南建立紧密的联系，必须取道湘楚，从南岭群山的缝隙中寻求突破，这是华夏内陆与百越之间交流成本相对划算的路径。

　　从南岭出发，进入广西的第一站便是桂林盆地，从桂林开始，沿漓江、桂江抵达第二站梧州，然后顺着西江进入广东珠三角出海口，或逆流而上深入柳州及南宁，以南宁、柳州等沿岸节点为枢纽，实现人口与物资在八桂大地的集散流动。由此可见，秦始皇在 2000 多年前下令修建灵渠，对后世可谓居功甚伟。且不说在广州建立南越国的秦尉赵佗经此路线，在他之后的西汉马援、北宋狄青、明代王阳明等人，莫不是翻越南岭山脉的军事奇才。

世代以来，人们走进广西腹地，犹如步入山的博物馆、大地的迷宫，总会情不自禁地感叹"越绝孤城千万峰""广西山川浩如海"。在这里的世居民族常以"八山一水一分田"来形容脚下的土地。据相关资料统计，在广西 27000 多个地名中，与山谷直接有关的就有7000 多个。然而，包括秦始皇在内的无数古人，在科学的角度上，并不知道岭南何以成为岭南，广西何以成为广西，广西的山川为何如此奇异多彩、瑰丽多姿，仿佛有一双巨手，将这片土地雕刻得如此壮美。

若要科学、客观地解读广西这部与山有关的大书，需要借助现代地质学、地理学、地球物理学的知识和先进的科学测绘手段。

我们知道，地球在宇宙空间旋转成形时，因高温释放出大量气体，光照差异使流动的大气层冷热交替，随后水蒸气凝结形成降水，为岩浆四溢的地表降温，加速地壳的冷却凝固，同时一部分水积蓄在岩层之中，溢出的水则汇集成汪洋大海。尚处在婴儿时期的地球，其剖面酷似一轮运动中的轴承，地核在内，地壳在外，地幔居中。厚薄不均的地壳有一部分露出水面，这就是大陆板块，就像许多不规则的积木，利用地幔的浮力继续移动、分裂、组合，拼凑成最初的陆地格局。海陆交接的广西地势底座便在这一时期形成。

此后，不安分的地壳还要花费数十亿年时间进行局部微调。至今无人知晓，在那段漫长的岁月里，地球上曾发生过什么惊天动地的故事。毫无疑问的是，某些化学物质经过机缘巧合，竟然孕育出了生命细胞，把地球从亘古洪荒推向了生灵繁衍的崭新时代。

在距今 10 亿—2.35 亿年前，"高烧"未退的地球又陆续发生了 20 多次严重的板块碰撞，海水激荡，火山喷发，岩浆漫布，导致地壳某些部位塌陷、沉降，形成盆地、湖泊、峡谷和平原，同时抬升了其他部位。那些隆起的高原台地，数不清的山峰与丘陵，就是地壳扭曲、断裂和岩浆、粉尘堆积的杰作。受地质运动的影响，许多物质化为等待人类开采的矿产，横行地球四五千万年的恐龙，最后给人类留下了一些化石，各种植物常埋地下成为煤炭。

地球尘埃落定之后，我们今天所见的地形地貌基本定了型，进入一个相对稳定的时期，只是偶尔发生地震、海啸、龙卷风和沙尘暴，这在提醒我们必须对大自然心存敬畏，因为蓝色星球的发育远未终结。

作为地形地貌的直观体现，凸出地表、连绵起伏、纵横交错的线性带状或块状山体形态，就是山脉。这些大小不一、长短相异的山脉，是地壳构造的隆起形式，它们经过阳光照射、风雨侵蚀的长久洗礼，逐渐有了生态循环的节奏与系统，变成万物生灵栖居的家园以及文明发展的根基。

纵横交错的地形地貌示意图（田稚珩 绘制）

由于地处我国地势第二、第三阶梯过渡带，广西区域整体呈现西北高、东南低的态势。就全国地貌而言，广西属于东南丘陵山地的一部分；因与广东相连且类似，有时合称为"两广丘陵"；在四面环山的格局中还有"广西盆地"之称。广西盆地内部因山脉间隔，又划分成许多小块盆地，这些"聚宝盆"的面积总和约占广西土地总面积的十分之一。广西有近千条河流，它们翻山越岭、串联盆地，最后汇入大海。

与大海长相守望的是纵横八桂、气象万千的群山。众所周知，举世闻名的泰山海拔为 1545 米，但据资料统计，广西境内海拔在 500 米以上的土石山面积约占广西总面积的 53%，主峰海拔超过 1600 米的山脉有十几列，海拔将近 2000 米的山峰也不少。除了五岭西侧奇美绝伦的世界自然遗产桂林山水，广西大多数山脉山峰长期以来因世人罕至，名不外传。即便如唐代刘恂，宋代范成大、周去非，明代徐霞客、邝露等考察记录广西地理风俗的先行者，他们对八桂山川的描述也大多停留在感官印象。

近代以来，以李四光先生为代表的一批著名地质学家，科学测绘、探究、解读了广西自然地理构造，回答了山水甲天下"何以为桂"。民国时期，寓居桂林的李四光及其团队，克服交通不便和经费不足等重重困难，以脚步丈量广西山川，建立了广西"山"字形地质构造体系，提出了"广西弧"的地貌规律特征。这对广西地质科学的发展具有划时代的指导意义。李四光通过对广西地层、岩石和矿产分布的调查研究，揭示了广西丰富的自然资源，为广西的资源开发提供了科学依据。

所谓"山"字形地质构造体系，通俗来说，就好像我们用五个手指头轻轻抓起一张湿巾，然后轻轻放下，出现类似"山"字形状的凸出褶皱。其内在原理是地球的内营力从几个不同的方向朝中心地带挤压，导致受力的一部分地壳发生相应隆起、凹陷或扭曲变形，形成一个马蹄状的构造单元。作为地壳运动的褶皱，构成广西弧的众多山脉便是这种地质力学作用的结果和体现。

李四光命名的"广西弧"由横亘桂中地区的驾桥岭—大瑶山—莲花山—镇龙山—大明山—都阳山组成，堪称一条巨大的龙骨，贯穿八桂腹地。弧顶为桂中地区的镇龙山，桂北元宝山一带的南北向褶皱带和断层则是广西"山"字形地质构造的脊柱。以广西弧为主脉，其内侧、外侧分别是由八十里大南山—天平山—九万大山构成的北弧、由云开大山—六万大山—十万大山—大青山构成的南弧。

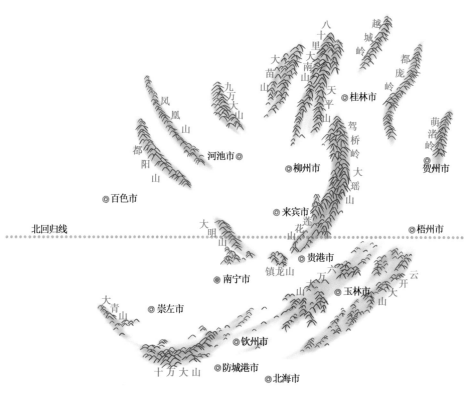

广西"山"字形地质构造示意图（田稚珩 绘制）

　　三条层叠相套的山脉弧线使广西的地貌格局丰富多样、层次分明，既有峰丛遍地、怪石嶙峋的喀斯特景观与石漠，又有低洼平坦、河流交错的膏腴沃野，还有冬季积雪的高寒山区。位于弧线之间且与之平行的盆地、平原，决定着河流的走向，是人口聚集、经济发展的主要载体。

与广西弧重叠交错的还有一条极其重要的地理分界线——北回归线。这条看不见的线与广西弧一起联手，控制着广西盆地的自然物候和地理气候：山脉的包围与纬度的贯穿，让广西成为北方冷空气和南方暖湿气流汇聚的季风口与降水区。广西盆地就像一台功率强大的天然空调，在阳光的加持下，孕育并庇护着万千生灵。

从某种意义上说，广西人民的发展历史就是与大山角力的过程。在这片土地上繁衍生息的人民，开山守山、敬山爱山、靠山吃山，从最初寄居山洞到村落群居，从刀耕火种、与世隔绝到路网密布、灯火通明，宛如史诗一唱三叹，实属不易。

目前，所有关于山的词语，几乎都可以用来描述和形容广西的山。明代黄佐所撰的《广西通志》在"广西山川志"中感叹道："百粤其山川之萃乎！夫东南其下也，势之极也，天地之尽也，万物之所归也！其山川之瑰丽、诡怪、奇伟、绝特固如是之多哉！"

"桂林山水甲天下，广西处处是桂林。"在这片神奇的土地上，层峦叠嶂、雄奇苍茫，灵巧秀美、山环水绕，极尽天工、步步是景，一年四季虚实变幻、气象万千。这份珍贵的自然遗产值得每一个人去认识了解、珍惜守护。

五岭逶迤分界线

　　中国南方的地理分野大致以五岭为界。五岭是南岭山系中的五座主要山脉，位于湖南、江西、广东、广西四省（区）交界地带，既是长江与珠江两大水系的分水岭，又是中国地理人文分区的重要界线之一。古人开发岭南时，以海拔高耸的五岭山脉外侧的桂林为首站，占据建瓴之势，然后经略两广。

　　五岭及其附近众多支脉和块状山体，因地质历史时期与构造运动几乎相同，在地理学上被统称为南岭山系。南岭群山连绵起伏，宛如游龙翻滚沧海，发源于此的众多河流受山形地势影响，一部分向北注入湘江、资江等长江支流，另一部分向南汇聚于漓江等河流，成为珠江流域的重要水源。受南岭山地区域影响，山脉南北两侧的平原盆地呈现出截然不同的自然气候现象。

微信 / 抖音扫码

华南地区的天然屏障

南岭山脉涉及区域地形复杂、高低错落、重峦叠嶂；主要山体庞大雄浑、岩层出露完整，内含丰富的矿产资源；山地表面森林茂密，生物种类繁多。各山脉之间和首尾相接处往往形成狭长的平原、盆地，分布着典型的岩溶地貌，如溶洞、暗河、天坑等，这些特殊的地貌空间和繁盛的亚热带植被系统是各类动物繁衍生息的良好场所。

纵横交错的河流、连绵起伏的山脉丘陵以及丰富的动植物资源，在华南地区构成了一道重要的自然屏障。华南屏障对中国的气候和环境具有重要的影响，阻挡了北方冷空气的南下，使得南方地区气候温暖湿润，适宜农业生产和旅游业发展，同时为生物多样性发展和自然环境修复提供了天然保障。

此外，在古代很长一段时期里，南岭群山犹如一道道巨大的城墙，起到一定的军事交通屏障作用，使岭南地区呈现出独具特色的地域文化风俗。分布在南岭群山湘桂边界的许多古道关卡，如古严关、清水关、高木关、桂门关、昭仪关、永明关、定岗隘、石匮关、王楼关、永安关、雷口关等，或隐没于历史烟尘，或残存断砖碎石，都在无声诉说着中华民族交往交融的悠悠往事。

五岭山脉

五岭自西向东依次纵向排列，分别是越城岭、都庞岭、萌渚岭、骑田岭和大庾岭，所包括的山地范围约 12 万平方千米。其中，前三者位于湘南与桂东北地区，后两者坐落于赣西南和粤西北地区。五岭以北称为岭北，五岭以南称为岭南。

受到北方寒潮的影响，五岭山脉高海拔山区的迎风面，每年冬季经常出现强风冷湿气候和雾凇、雨凇现象，甚至出现严重的冰冻灾害。春季来临之际，位于五岭山

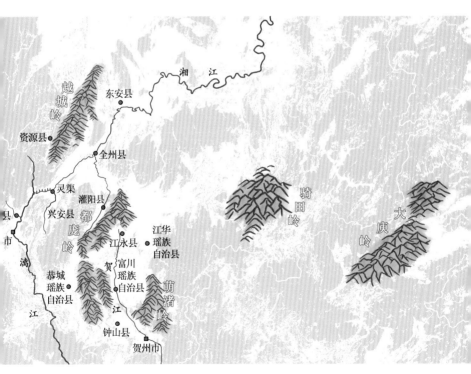

五岭分布示意图（田稚珩　绘制）

脉西南侧的桂林市区和全州、资源等县，则会迎来较长时间的降水。

五岭的名称在古代随着封建政权的变化而经常变动，如宋代的《太平御览》，在"岭"一节提到，"《广州记》曰：有五岭，大庾、始安、临贺、桂阳、揭阳也。《南康记》曰：秦始皇略定扬越，谪戍五方，南守五岭：第一塞上岭，即南康大庾岭是；第二骑田岭，今桂阳郡腊岭是；第三都庞岭，今江华郡永明岭是；第四甿渚岭，亦江华郡白芒岭是；第五越城岭，即零陵郡南临源岭是也"。

【越城岭】

古代称始安岭、临源岭、全义岭，南北绵延约 100 千米，东西宽 20 多千米，平均海拔超过 1500 米，横跨湘、桂两省（区），主体部分位于桂林市东北部的全州县、资源县境内，气势雄浑，山脉体积和知名度位居五岭之首。

真宝顶位于越城岭山脉，地处全州县与资源县的交界处，海拔 2123.4 米，是华南第二高峰，也是明代旅行家徐霞客进入广西后最先登顶的一座高山。《粤西游记》如此记述当时情形："至绝顶，丛密林中无由四望，登树践枝，终不畅目。已而望竹浪中出一大石如台，乃梯跻其上，则群山历历。"除真宝顶外，越城岭的宝鼎山、大云山也十分有名。宝鼎山又名南宝顶，远望如铁锅倒扣，因此还有覆釜山之名。

在真宝顶南端全州县境内，有一个由高山湖泊群落组成的才湾水库，这个位于高海拔山峰上的水库被开发为天湖景区。天湖景区有二绝，一为举世罕见的原始杜鹃林，二为傍晚时分可在湖上看见日月同辉的倒影。

真宝顶山势陡峭，是华南地区景观最丰富、海拔较高但攀登难度并不大的山峰。天气晴朗时，在真宝顶上可以遥望猫儿山，美景一览无余（李宗和　摄）

真宝顶上花团锦簇的绚丽景象。真宝顶时常云雾缭绕，山上少见树木，植被多为低矮的蒿草，杜鹃花点缀其中，有一种"缭绕云深不知处，唯有山花烂漫时"的超然脱俗的意境（李宗和　摄）

从地质结构上看，越城岭山脉的基座为花岗岩，地层岩体内部含有丰富的钨、锡、铀等稀有金属矿藏。因地层断裂剧烈，越城岭山势险峻，谷深沟切，水系多沿山脉两侧的山地向下发散为梳子状，极易引发山洪。在山脉东麓，自北向南分布着 6 种较大的洪积扇地貌，土壤肥沃，便于人类耕种和灌溉，因此村落颇盛。山脉的北麓有大片高山草甸，冬季冰雪扫过，银装素裹，蔚为壮观。

在越城岭右侧支脉尽头的湘山上，保存有一座历史悠久的寺庙，原名为景德寺。相传公元 1101 年，宋徽宗南巡时亲临湘山，将景德寺敕为"湘山名刹"，湘山寺因此得名，并号称"楚南第一名刹"，有"兴唐显宋""楚南第一禅林"的美誉。黄庭坚、徐霞客、王夫之、解缙等文豪先后探访该寺。明末清初，出生于桂林靖江王府的皇室后裔、著名画家石涛，因国破家亡，遁入湘山寺削发为僧。1943 年，著名抗日爱国将领戴安澜将军的国葬在湘山寺举行，有 1 万多人参加仪式。

【都庞岭】

位于越城岭东南方，桂林市的灌阳县、恭城瑶族自治县和湖南省永州市道县及江永县之间，余脉延至贺州市富川瑶族自治县、钟山县、昭平县，为桂、湘两省（区）分界山脉。全长约 75 千米，宽 15 ~ 20 千米，海拔 1300 ~ 1500 米。主峰韭菜岭位于灌阳县和道县边境，高达 2009 米。此外，西岭山、大桶山、花山等余脉山峰坐落于贺州市境内。

　　广西的地壳构造褶皱发育，分为四堡、加里东、华力西、印支、燕山和喜马拉雅 6 个时期。都庞岭的地质构造与越城岭类似，以加里东时期即古生代早期地壳运动和燕山晚期的花岗岩为主，南北两端为寒武系砂页岩。在加里东运动时伴随花岗岩的侵入隆起而成，燕山运动期有花岗岩大规模侵入。都庞岭山脉有一座巨大的花岗岩山体，高约 100 米，外观与《西游记》中猪八戒的鼻子、耳朵非常相似。岩石的背后惟妙惟肖地展现了一位美女的头部轮廓，不禁让人想起猪八戒背媳妇的故事。

　　山体庞大的都庞岭气势雄伟，北粗南细，从北至南

从富川瑶族自治县龟石水库远眺，都庞岭山脉屹立在云层之下（侯珏　摄）

海拔在 1200 米以上的主要山峰有癞子山、九龙山、韭菜岭、新陷子、滑石山、杉木顶、野猪殿、三峰山等。在都庞岭山脉的峡谷凹地有许多关口，如永安关、雷口关和定岗坳等，是通往外县、外省的交通要道，历史上为兵家必争之地。

都庞岭山脉地层蕴藏钨、锡、锑、铁、萤石等矿床，20 余条溪流江河呈伞状分布，地表盛产多种木材和中草药，珍稀野生动物十分活跃。瑶族同胞世代生活在山麓周边的县份。位于都庞岭余脉交通要塞的富川明城、昭平黄姚古镇等历史建筑，见证着南北文化交融的繁华历史。

【萌渚岭】

又名渚岭，位于五岭阵列的最南端。山脉长约 130 千米，宽约 50 千米，跨越湘、粤、桂三省（区），由数十座海拔在 1200 米以上的山峰组成，主峰山马塘顶海拔约 1787 米。

萌渚岭于寒武纪前褶皱成山，在燕山运动时期，伴随着大规模的花岗岩侵入进一步断裂上升。山势高峻，河谷深切，山间分布着拗陷或断陷的小盆地。其西南部的姑婆山，山势挺拔雄伟，坡陡谷深，森林覆盖率达 70%，是广西十大水源林地区之一。萌渚岭的西南方为潇贺谷地，自古是湘南和桂东的交通要道，湘江支流潇水和西江支流贺江在这里分流，北方寒潮从此入桂。

南下的寒潮沿五岭之间的峡谷孔道一路前进，与来自南海的亚热带季风相遇，节节攀升搏斗，形成岭南特殊的气候现象。桂东北地区南岭山地的气候特征，概括

湘桂走廊、潇贺古道示意图。潇贺古道从萌渚岭与都庞岭之间的谷地平原穿过。潇贺古道的西方是越城岭与都庞岭之间一条狭长的谷地"湘桂走廊"（田稚珩　绘制）

来说，就是昼夜温差大，四季变化明显，夏秋两季日照强烈，秋冬两季风速偏快，雨季长，水量多，极端天气较为频繁。从南岭往南，随着地球纬度的降低，湿热的气候愈加明显。亚热带山区特有的热气和水汽混合蒸腾，氤氲于原始森林之间，变成令人望而生畏的瘴疟之气。

唐代柳宗元的"海天愁思正茫茫"，表达了身居岭南腹地的孤愁心境。而中唐诗人卢纶的"两行灯下泪，一纸岭南书"，与宋代苏轼的"五岭莫愁千嶂外，九华今在一壶中"情感意蕴如出一辙，代表了部分古人对遥远岭南的悲观想象。

然而，在古代，偏远之地往往蕴藏着诱人的宝藏，只要翻越五岭，就能找到数不尽的犀角、翡翠、珍珠、玛瑙等奇珍异宝，通向大鹏展翅的"南冥"天池。因此，在 2000 多年前，秦始皇不惜发动数十万大军南征百越。可惜屠睢的大军在萌渚岭山区折戟，血流漂橹，三年不解甲，直至任嚣在越城岭和都庞岭之间找到一条通道，并凿通灵渠，接通湘漓之水，开辟了连接湘桂的交通要道。在百越之战的 200 多年后，东汉伏波将军马援再度率领大军穿越五岭，水陆并进，抵达更远的交趾（今广西南部和越南北部）。

此后千百年来，南岭山脉的崇山峻岭不再神秘，勾连交错的峡谷变为民族融合的走廊，金戈铁马埋于地下，文明发展超越了地理的屏障。随着人类活动的频繁，苍茫的五岭不再令人望而生畏。

1934 年，红军离开江西瑞金开始长征，英勇闯过的第一道天险便是五岭山脉。毛泽东在回顾这段征程时，豪迈地写下了"五岭逶迤腾细浪"的诗句。老一辈无产阶级革命家陆定一的长征回忆录《老山界》，形象地描绘了红军战士翻越五岭山地的惊险与艰难。

南岭山系

　　五岭之外，尚有一群支脉或块状山体如猫儿山、海洋山、大南山、天平山、驾桥岭、大桂山、九万大山、摩天岭等分列左右，好像航空母舰周围的护卫舰，乘风破浪，既扩大了桂东北山地的铺展范围，也为抵御极端气候提供了天然屏障。它们在历史上的名气也许不如五岭，但假如没有这些高山作伴，五岭将会很孤单。

【猫儿山】

　　位于越城岭西南侧的资源县、兴安县的交界处。山脉长约 60 千米，宽 10～15 千米，山体高峻险陡，多数山峰海拔在 1500～1800 米。主峰海拔高达 2141.5 米，是华南地区第一高峰。峰顶有一块巨大的花岗岩，远远望去犹如猫儿伏在地上，猫儿山因此得名。

　　前后 4 次地质运动的隆起，成就了猫儿山的高度。首先是 5.6 亿年前寒武纪时期的地壳褶皱为它打下了基础，然后是加里东运动、燕山运动和喜马拉雅运动共同将它推向云端。从猫儿山的地层成分可以看出，山体最底部主要为加里东晚期花岗岩及古生界变质岩，往上是震旦系变质岩及燕山期花岗岩。从地质结构来看，猫儿山地层古老。长期以来，人们习惯将猫儿山划归越城岭，但科学家发现，在这两座山脉之间有一条明显的地质断裂带，即中峰—华江断裂带，因此将它们从地理学上分别独立出来。

猫儿山云海景象（蓝建强　摄）

猫儿山顶峰上的巨石形神毕肖（李梁谋　摄）

猫儿山古老的地层（李梁谋　摄）

猫儿山绝笔之景在其顶峰，顶峰有一块神奇的巨石，巨石的侧面凿刻着广西著名书法家钟家佐老先生题写的苍劲有力的"华南之巅"四个大字（侯珏　摄）

　　猫儿山具有独特的山地环境和气候条件，每年夏季，北部湾的暖湿气流北上，遇到以猫儿山为代表的山脉阻挡时被迫抬升，温度下降，形成地形雨。暖湿气流有时与沿湘桂走廊南下的冷空气相遇，形成锋面雨。猫儿山常常出现许多绚丽的气象景观。春夏多雾时节，如遇到阳光斜照，在猫儿山佛光峰一带常形成神奇的"佛光"景观，彩色祥光穿透云层，如梦似幻。猫儿山的秋天，虽不及春夏的繁盛，但却显得格外静谧和深邃。冬季大雪降落，猫儿山常有雾凇奇观，山顶银装素裹，是岭南最佳的观雪胜地。

猫儿山上蓝天白云，晴空万里，满山遍野的绿意编织成一幅清新、幽雅的原生态画卷，静静地等候着欣赏她的每一位游人（侯珏 摄）

　　猫儿山上诞生圣洁的水源，成为湘桂地区的分水岭。著名的漓江即发源于猫儿山上常年蓄水的沼泽地。漓江水流经桂林市的兴安县、阳朔县和平乐县等地。猫儿山植被茂盛，林木葱茏，生物种类丰富且层次分明，是广西面积最大的自然保护区，享有"森林王国"的美誉。据统计，猫儿山现存高等植物900多种，各类动物110多种。地球冰川时期遗留的树种铁杉，仍有1500余株屹立在猫儿山海拔1600～1900米之间的山地上。此外，山上每年花季有50多种杜鹃花竞相绽放。

红军漫漫长征路，翻越的第一座高山就是老山界。老山界是猫儿山的主要山脉。红军长征途经猫儿山，分三路翻越老山界，都是爬行在悬崖峭壁的羊肠小道上，历经无数磨难。无产阶级革命家陆定一为此写下名篇《老山界》。老山界如今已建成的红军亭和老山界碑是革命遗址及革命传统教育基地。

老山界碑（李梁谋 摄）

【海洋山】

古代称阳海山，宋朝称海阳山，明朝改称海洋山，在桂林市东面，位于越城岭和都庞岭之间。山脉长约 97 千米，宽 35 ～ 40 千米，绵延灌阳、全州、兴安、灵川、恭城、阳朔 6 个县，在灌阳县西南部的洞井瑶族乡与都庞岭余脉相连。海洋山海拔一般为 1200 米，但主峰宝盖山海拔 1935.8 米。湘江干流的海洋河发源于海洋山西南麓，在广西境内称为灌江，为灌阳县的中轴线。

灌江流域狭长低平，海拔 200 ～ 300 米，穿越都庞岭山脉西麓，联结湘江和漓江上游谷地，自古以来为南北交通要道、湘桂走廊之一。红军长征期间，红三军团第五师师长李天佑曾率部在此打响新圩阻击战，如今湘桂铁路和灌平高速由此通过。在海洋山西北端与越城岭之间的谷地，湘江与漓江各自分流擦肩而过，直至 2000 多年前灵渠修通，珠江与长江两大水系才实现历史性衔接。

【大南山】

又称八十里大南山，从湘西延入桂北地区，斜贯于龙胜各族自治县北部。山脉长约 80 千米，宽约 30 千米，海拔一般为 1300 米，主峰南山顶位于湖南省邵阳市城步苗族自治县境内，海拔 1941 米。在广西境内的地层，北部为印支期花岗岩，南部为古老的中、上元古界的四堡群和丹洲群岩系及寒武系的清溪组砂岩。在燕山运动时产生断裂隆起成山，并在新构造运动中再次强烈抬升，形成高峻的断块山。山体遭受强烈的切割，崎岖险峻。

在海拔 1600 米处有一级古剥蚀面，面积约 20 平方千米，地表呈波状起伏，形成一个内流区，土壤肥沃，水草丰美。河流沿断裂带发育，形成 V 形峡谷。1979 年，人们在大南山原始森林中发现一片野生柑橘林，共 1000 多株，其中一些老树的树龄在 100 年以上。

【天平山】

位于大南山正南方、桂林市西北方。山脉长约 80 千米，宽约 30 千米，纵贯龙胜、临桂、永福 3 个县（区），将柳北地区与桂林地区分隔开来。天平山平均海拔 1300 米，主峰蔚青岭在山脉北端的龙胜各族自治县南部，海拔 1778 米。天平山的山体陡峭高峻，发源于山间的溪流众多，形成急流飞瀑，千姿百态。山上林木茂盛，保存有大片原始森林。桂林花坪自然保护区位于主峰蔚青岭的东北侧，植被繁盛，现有高等植物约 1020 种。1955 年夏，中国植物学家在此发现被认为早已灭绝的珍稀植物——银杉。

举世闻名的龙脊梯田，位于猫儿山西部和天平山东北部各 20 多千米处的龙脊镇龙脊山上，这是千百年来广西山地民族利用山地实现稻谷耕作、解决口粮难题的壮举，体现出人类利用自然资源和改造自然环境的伟大力量。一块块弯曲狭长的稻田，层层环绕，分布于海拔300 ～ 1100 米的山坡上，最大坡度达 50°。每年春季，梯田被雨水和山泉灌溉，在阳光的照耀下，宛如无数片明镜铺陈大地。在秋收时节，龙脊梯田漫山金黄，稻浪翻滚，与岩体裸露的其他山脉相比，更具人间烟火气息。

龙脊梯田如链似带，一层层，一圈圈，有的像一颗颗螺蛳，有的像奔腾的波浪，有的像山鹰展翅，有的像七星伴月，这是劳动人民"雕刻"的顶尖山水田园风光画（蓝建强 摄）

【驾桥岭】

位于桂林市正南方、柳州市东北方，北起永福县罗锦镇、临桂区会仙镇，向南延伸至荔浦市修仁镇、鹿寨县寨沙镇，东望阳朔县，南临金秀瑶族自治县大瑶山。山脉长约 60 千米，宽约 27 千米，海拔一般为 800 米。主峰古报尾海拔 1240.8 米，山势陡峭，四周围绕海拔 500～700 米的低山。山脉北部地层为寒武系砂页岩，四周为泥盆系砂岩和砾岩；南部地层主要为泥盆系砂岩和砾岩，间有寒武系砂页岩。驾桥岭北端有会仙湿地，东麓数千米外是漓江支流——遇龙河风景区。

【大桂山】

位于萌渚岭以南，山脉主体在贺州市中南部，余脉延伸至昭平县、苍梧县。山脉长约 95 千米，宽 30～35 千米，海拔一般为 1000 米。主峰犁头顶海拔约 1253 米，周围为海拔 500～800 米的低山。地层以寒武系砂页岩为主，在加里东运动时褶皱成山，燕山运动时进一步产生断裂隆起，伴随花岗岩侵入。地貌坡陡谷深，河流顺坡面发育，形成放射状水系。

在南岭山脉之间的夹缝或弧线两侧，以河流为轴线不均匀地分布着多个小块平原和盆地，如湘江上游平原、漓江平原、荔浦河平原、恭城河平原、贺江平原、蒙山盆地和源头公会平原等。从平原的类型来看，以冲积平原为主，其次是溶蚀侵蚀平原，还有少量洪积坡积平原。

南岭山脉西北侧的群山与水并行，山水相连。这里地势低洼，水资源丰富，岩溶地貌发育充分且奇特。

矗立于洼地和平原上的石林峰丛，经过亿万年的溶蚀、风化和塑形，成为天然独特的山水画廊——漓江风光（覃刚　摄）

惊艳世界的喀斯特之美

　　五岭山地气候炎热，但桂林盆地因四周被高山围绕，热浪与寒潮难以长驱直入，因此气候宜人，水草丰美。

　　而桂林地区形成奇绝且集中的山水景观，少不了一种独特的物质材料——碳酸盐岩，它是岩溶地形的主要物质基础。

　　根据研究发现，广西的地貌类型大致分为侵蚀构造地形、剥蚀构造丘陵地形、高原地形、岩溶地形、剥蚀堆积地形及海积地形六类，其中岩溶地形面积约占广西总面积的一半，而桂林是岩溶地形的集大成者。桂林山

喀斯特地貌几乎集合了峰、林、山、谷、河、泉、潭等自然景观元素，发挥着无穷的神力，随意一挥墨，便是令人赞叹的极致景观（王振东　摄）

水在亿万年的自然风化和水流冲蚀的作用下，呈现出异彩纷呈的岩溶地貌景观，堪称人间仙境。

岩溶地貌，又称喀斯特地貌，指地表水或地下水对可溶性石灰岩进行侵蚀所形成的地貌。桂林地处南岭西南部，喀斯特地貌的发育十分典型。桂林属于亚热带季风气候，境内气候温和，光照充足，雨量充沛，热量丰富，夏长冬短，四季分明且雨热基本同季，十分利于喀斯特地貌的演化。2014 年 6 月 23 日，在卡塔尔首都多哈举行的第 38 届世界遗产大会上，由广西桂林、贵州施秉、重庆金佛山、广西环江四地组成的中国南方喀斯特第二期申遗项目，经审议成功列入《世界遗产名录》。

广西喀斯特地貌晨韵（罗正英　摄）

桂林山水

　　唐代诗人杜甫虽然没有到过广西，但是有不少朋友在广西为官，想必在与友人的书信往来中对山高水远的岭南仙境早有耳闻，因此不吝写下了如此赞叹桂林山水的诗句："五岭皆炎热，宜人独桂林。"而南宋到广西做官的浙江宁波人王正功，更是直接题诗："桂林山水甲天下。"这句话一直被世人传颂至今。

　　桂林山水以"奇山、秀水、异洞、美石"扬名天下，是世界上喀斯特地貌最典型、最集中的自然景观。山连着水，水绕着山，青山绿水相依相偎，灵动与沉稳相结合，永不停息地为世人演绎着最美的喀斯特地貌风景。在漓

江流域的桂林市区、阳朔县等地约有150座石灰岩山体，呈孤峰、峰林、峰丛等形态分布，总面积超过16平方千米。

通常意义上的桂林山水，是指漓江流域经过桂林市区至阳朔县河段的喀斯特地貌景观。如果从更宏观的视角进行考察，那构成这一系列经典山水景观的地质基础则是10亿—2亿年前便已陆续成形的南岭山系。

漓江上游的越城岭、猫儿山，以及东西两面的海洋山、天平山和南部的驾桥岭，共同造就了桂林盆地的奇特地形，为漓江开辟出蜿蜒曲折的河床。这些山脉的底座物质为数亿年前因地壳碰撞和岩浆活动而形成的花岗岩，从岩层的断裂程度和皱褶幅度来看，它们显然经历

漓江两岸的喀斯特峰丛（蓝建强　摄）

了多次剧烈的造山运动。在运动过程中，抖落出许多碎石，这些碎石经水流冲刷、搬运和侵蚀，变成鹅卵状的圆形石球，跑到桂林盆地的底部，被胶结起来，形成厚达数百米的砾岩。

就像鲸鱼的背脊在海面上冲撞沉浮，桂林地区的地壳反复崛起又下沉，海水漫灌又退却，经数千万年甚至上亿年的沉积冲刷、震荡降落，形成了桂林盆地的皱褶基底及其地层沉积覆盖物质。

覆盖在砾岩上部的岩层分别是沉积砂岩、碳酸盐岩和砂页岩等，以及稀薄的富含铁元素的红色岩层。所谓碳酸盐岩，是形成于海洋或内陆湖泊的一种沉积岩，方解石、白云石等碳酸盐矿物质含量在 50% 以上。由于矿物组成和结构丰富，碳酸盐岩的种类繁多，按颜色分类有白色、浅灰色、灰色、黑色等六类，按成分分类有白云岩、灰岩、泥质灰岩等，如按结构分类则有亮晶颗粒灰岩和泥晶灰岩等类型。

无论如何分类，以氧化钙、氧化镁和黏土矿物中的酸不溶物为主要化学成分的碳酸盐岩，可以利用其密度、强度、空隙和吸渗水等物理性能在富水环境中溶解、发育、变形。

据科学家考察发现，碳酸盐岩为中泥盆纪至晚泥盆纪的主要地层成分，它们构成了桂林喀斯特地貌的发育基础。这一基础的厚度为 2000 多米，决定了漓江两岸喀斯特峰丛后来的高度。

随着时间的流逝，海水、空气和温度使覆盖在表面的红色岩层慢慢褪去，桂林山水的造型和分布格局逐渐被勾勒出来。接着，初露端倪的山水胚胎经过漫长的发育，在风化剥蚀与水流溶蚀的作用下，将暴露在外的结构均匀或不均匀的碳酸盐岩进一步塑造成奇形怪状的石峰、山丘、洞穴和洼地。

桂林山水的地形构造主要由侵蚀地貌和喀斯特地貌组成，两者所占比例分别为 70% 和 30%。桂林山水的地形 70% 是洼地和平原，30% 是拔地而起的山体石峰。形态各异的碳酸盐岩山体可大致分为独峰、双峰和群峰三大类别，以及塔、锥、螺旋、单斜、圆丘、马鞍、峰簇、冠岩等 8 种造型。它们经过天地造化的排列组合，与青碧如玉的漓江水相互映衬，呈现出万千气象，为天下所罕见。

明崇祯十年（1637 年）五月初一，徐霞客在桂林伏波山游玩后仍恋恋不舍，徘徊许久，被船工反复催促后才上船。他在船上一路漂流回转，恍惚间好像穿越时空的异境。

如果没有水，桂林的山便失去了灵性，而如果没有拔地而起的喀斯特石山，桂林的水也会黯然失色。两者相得益彰，构成了桂林山水的灵魂。桂林山水除了赏心悦目的外观，山体内部无处不在且奇巧无比的喀斯特洞穴也是桂林石峰景观的主要魅力之一。

秀色可餐

桂林的山以坐落于市区的独秀峰、伏波山、叠彩山、象鼻山、骆驼山、西山、穿山、塔山、虞山以及罗列于漓江两岸的九马画山、螺蛳山、美女峰等系列名山为代表。这些山峰或拔地而起，或斜立江面，或遗世独立，或重峦叠嶂，从不同的角度、不同的时间，可以看到不同的构图和意境，山上的草木灌丛随着四季的更替和早晚的变化而呈现出不同的色彩层次，令人百看不厌。

唐代韩愈在诗句中描绘："江作青罗带，山如碧玉簪。"宋代官居桂林的范成大在《桂海虞衡志》一书中点赞桂林山水："桂山之奇，宜为天下第一。"

由于自然风化和水流侵蚀，桂林的山洞数不胜数。据不完全统计，至今发现桂林有岩洞 2000 余个，已开放游览的有 50 余个。它们或高大宽敞，或幽邃迷离，或诸洞勾连，或穿洞横贯；像厅堂广厦，似廊道竖井，若幽府迷宫，如苍穹皓月，形态各异，玄妙神秘。

喀斯特地貌的发育过程主要受流水溶蚀的影响，流水顺着石灰岩的纹理溶蚀形成沟槽，致使整片岩层被溶沟分开，形成石柱、石笋等。有的洞顶流水滴乳，铮淙清响；有的洞底暗河深潭，可供泛舟。人们走进洞内游玩，就像在迷宫中捉迷藏，曲径通幽，柳暗花明，时常感觉走到尽头，实际上又回到原点。

洞内的碳酸盐岩经过长年累月的流水渗透和溶解，形成千奇百怪的钟乳石造型，如石笋、石乳、石柱、石幔、石花、石枝、石瀑、石盆等，如云如浪，如帷如幔，栩栩如生，活灵活现。钟乳石发育最佳的岩洞当属芦笛岩和七星岩，它们就像是一座天然钟乳石博物馆。

冠岩钟乳石和石笋（引自袁道先、蒲俊兵、肖琼等《桂林山水》）

不到桂林看山水就不算到广西，不进岩洞饱览奇石就不算到桂林。古今不知有多少文人墨客流连忘情于桂林山水之间，他们在尽兴之余挥毫泼墨，诗书留痕，在石壁上刻下了许多纪念文字。据统计，目前在桂林的山上共有 2000 余件摩崖石刻，以桂林山水为题材的各类诗词超过 5000 首，游记文章不计其数，前人留下的500 多处文物古迹，极大地丰富了桂林山水的人文内涵。

例如，与谢灵运齐名的南朝诗人颜延之，于南朝宋景平元年（423 年）被下放岭南任始安郡太守，在桂林度过 3 年时光，这里的山水成为他激情抒怀的最佳对象。他经常游览位于郡署附近的一座石山，写下关于独秀峰的诗文，独秀峰因此得名。他在山中的石洞避暑读书，"读书岩"也随之得名。

唐初诗人宋之问被发配广西钦州，途经桂林，得到好友桂林都督王骏款待，逗留多日，曾作诗赞颂桂林独特、优美的风景。唐代名相、诗人张九龄于唐开元十八年（730年）出任桂州都督兼岭南道按察选补使，也写下一些关于桂林的诗句。

桂林山水堪称世界之冠。泛舟山水之间，犹如闯入诗画的仙境，山林秀美与水光潋滟，让人们找到内心真正的平静与自由。20世纪50年代，电影《刘三姐》在桂林取景，让桂林山水享誉世界；诗人贺敬之的《桂林山水歌》被写入小学课本，让几代人对桂林山水心驰神往；山水美景演出《印象·刘三姐》更以自然风光为舞台，向世人展示桂林山水灿烂瑰丽、妩媚柔美、天人合一的诗意境界；第五套人民币发行时，桂林山水被选为20元面值人民币的背景，与泰山、西湖、长江三峡等一起成为代表我国大好河山的国家名片。

秀甲天下的桂林山水（覃刚　摄）

　　"桂林山水甲天下，广西处处是桂林。"与桂林盆地相距 100 余千米、几乎处于同一纬度的桂西环江毛南族自治县，其喀斯特地貌景观同样风姿卓异、瑰丽无比。环江毛南族自治县是世界现存连片面积最大、保护最佳、原始性最强的喀斯特地区，有形态各异的锥形山、塔形

环江毛南族自治县木论喀斯特地貌（王秀发　摄）

山及峰丛洼地和漏斗。环江喀斯特世界遗产保护区面积约 90 平方千米，保护区内喀斯特峰丛发育充分，原始植被茂盛。从小型盆地、平原四下眺望，或用无人机俯瞰，拔地而起的山峰层层叠叠，奇形怪状，绵延不绝，犹如亿万年前凝固的大地之浪。

环江毛南族自治县月亮山在云雾缭绕中苏醒，升腾的云雾和金色的阳光装扮着大地，宛若油画，令人心旷神怡（莫经耀 摄）

在广西的秀丽山水中，还有很多与桂林媲美的山水风光，崇左市大新县、百色市那坡县、南宁市隆安县的喀斯特地貌就是典型的代表。广西大新黑水河国家湿地公园属于国家级湿地公园，被誉为"中国最具原生态景区"。黑水河属于左江的支流，是一条由断层控制走向的峡谷型河流。河的两岸排列着青翠的喀斯特石峰，水天一色的景观与桂林的漓江景区非常相像。

黑水河两岸的喀斯特地貌峰丛（侯珏　摄）

百色市那坡县喀斯特地貌峰丛（侯珏　摄）

百色市那坡县喀斯特地貌绿色植被（侯珏 摄）

南宁市隆安县布泉乡更望湖周围的喀斯特地貌（侯珏 摄）

南宁市隆安县布泉乡更望湖枯水期的洼地（侯珏　摄）

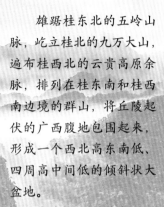

三弧环列似脊梁

雄踞桂东北的五岭山脉，屹立桂北的九万大山，遍布桂西北的云贵高原余脉，排列在桂东南和桂西南边境的群山，将丘陵起伏的广西腹地包围起来，形成一个西北高东南低、四周高中间低的倾斜状大盆地。

在广西盆地的中部和南部边缘，即"山"字形地质构造的底部，这一区域在远古地质历史时期，既承受来自北方的亚欧板块隆起的压力，又受到南部太平洋板块和西南部印度洋板块的冲击，几度沉降抬升，形成数层向北开口的弯月状弧形地理脉络。最典型的便是李四光先生提出的"广西弧"。

屋脊之末的雄伟

　　桂西北山地的范围，东至东（兰）巴（马）凤（山）地区的都阳山，南至右江谷地，西至滇、黔、桂边界的金钟山，北至黔东南与广西交界的凤凰山。桂西北山地包括百色北部、河池西部和南宁北部地区，面积约占广西总面积的五分之一，占广西山地面积的三分之一以上。

高原倾斜

　　桂西北山区的地形地貌，由地质史上的一降一升和3次造山运动影响而成。在下古生代，桂西北地区板块因与云贵高原的台地相连，地基稳定。

　　第一次下降的时间在上古生代至中生代初期，桂西北台地下陷，沉积了较厚的碳酸盐岩和砂页岩层。到三叠纪末期，在地壳板块运动结束后，原本下陷的地区又全部被抬升为陆地。随后，侏罗纪末至白垩纪期间发生了燕山运动，让一部分岩层褶皱发生隆起、断裂，活跃的岩浆活动又蔓延开来。

　　第三纪中期，喜马拉雅运动再次抬升板块，形成了一条条山脉，山脉之间裂开狭长的深谷，同时将石灰岩分布的区域挤出尖锐的山峰和溶蚀洼地，最终形成目前以砂页岩山地为主、喀斯特峰丛洼地普遍的地貌。

桂西北山区的西部山脉如金钟山，因受云贵高原影响呈西东方向延展，而东部山脉如都阳山则受到广西弧形山脉西翼的影响，从西北往东南倾斜。这一片区的河流也因此呈现出自西向东折而往南的走向。

【大苗山】

位于天平山正西方、柳州市北部的融水苗族自治县境内。山脉长 50 多千米，宽 30 ～ 35 千米，海拔一般为 1500 米。主峰元宝山海拔约 2081 米，是广西第三高峰。元宝山雄浑苍茫，植被茂盛，飞瀑激流，风光优美。

大苗山的地层大部分为雪峰期花岗岩，周围为广西最古老的地层四堡群及丹洲群岩系。自加里东运动以来，板块断续隆升，河流沿山岭两侧发育，最终汇入融江。大苗山为广西苗族同胞的主要聚居地。民国学者刘锡蕃曾深入大苗山调查，写成《苗荒小纪》一书，反映大苗山人民的社会生活，于 1928 年由上海商务印书馆出版。

地势高峻的大苗山垂直分布有不同的植被，海拔在 1000 米以下的为典型的中亚热带常绿阔叶林，海拔在 1000 ～ 1500 米的为亚热带山地常绿、落叶混交林，海拔在 1500 米以上的为高山针阔混交林。大苗山是广西杉木、毛竹的主要生产基地之一。

元宝山山体庞大，有兰坪峰、元宝峰、无名峰三大主峰，属于中亚热带季风气候，动植物资源十分丰富，是国家级森林公园。元宝山周围生长有野生元宝山冷杉

莽莽林海的元宝山（钟智勇　摄）

200 余株，这是第四纪冰川的孑遗植物，耐寒耐阴，属于高海拔山区的造林树种。

【三省坡】

位于广西北部的黔、湘、桂三省（区）交界地，是隆基拉维山脉的高峰之一，也是越城岭、雪峰山和大苗山过渡地段的最高峰，海拔 1336.7 米。三省坡形状如水牛，常年云雾缭绕，盛产杉木、茶油和茶叶。

三省坡被喻为侗族"圣山"。坡的西面为贵州省黎

平县洪州镇，东面为湖南省通道侗族自治县独坡镇，南面为广西三江侗族自治县独峒镇，北面为贵州省黎平县雷洞瑶族水族乡，余脉延伸至三江、龙胜、黎平等7个县，有"一鸡鸣三省"之誉。约有200万侗族同胞环居三省坡，孕育了享誉世界的侗族大歌和风雨桥、鼓楼木构建筑艺术。三省坡上有一个人工湖，名为天湖，又称大塘坳，侗语称"卫达唐奥"，意为大山坳中间的水库。天湖的湖水清幽，清如镜，蓝如海，是山下侗寨与梯田的重要水源。

三省坡因风力资源丰富，平均风速大，是风能
开发的理想之地（龚普康　摄）

侗寨作为三江侗族的著名建筑群，常建在山间或水边，以其独特
的建筑风格和浓厚的民俗文化而闻名。站在山顶，俯瞰山下的侗寨、
梯田，好一派诗情画意的侗家风情（蓝建强 摄）

三省坡的大塘坳四周为低谷，无高山相连，坡上为低丘地形。山
间涌出股股清泉，汇集成湖，湖面清澈碧绿，犹如一面明镜镶嵌
在山顶之上（龚普康 摄）

【九万大山】

又称九万山，位于桂林市以西、柳州市西北部、河池市北部，呈西北—东南走向，从贵州省南下延伸而来，横跨融水、罗城、环江3个县。九万大山的"九万"，并非汉语数字，而是壮族文字中关于山峰名称的一种记载，意思是水牛头。山脉全长70多千米，宽20多千米，与大苗山相互呼应，形成V形山脉布局，反映了远古地质构造运动的剧烈力量。

九万大山海拔一般为1000～1200米，主峰老高山海拔约1683米，是河池市境内第一高峰。九万大山处于云贵高原南缘东部倾斜地带，其地层古老，主要由元古界的四堡群和上元古界的丹洲群及雪峰期花岗岩等构成，于中元古代末的四堡运动褶皱成山。山间峡谷深切，河流湍急，水能资源十分丰富。

峰峦起伏的九万大山（廖林胜　摄）

位于融水苗族自治县境内的贝江发源于九万大山（廖林胜　摄）

【摩天岭】

广西境内有多个山岭名为"摩天"，其中最有名的是九万大山支脉摩天岭。摩天岭高耸入云，气势雄伟。这是一处上元古代雪峰期由花岗岩组成的断块山，山脉虽短，但高峰密集，海拔一般为 1500～1600 米，不少山峰海拔在 1800 米以上。主峰摩天岭海拔约 1938 米，阿扣山海拔约 1936 米，两峰相距约 10 千米，形成屹立于群峰之上的"姐妹峰"。摩天岭河多滩险，水能资源丰富，溶江支流三百河、杆洞河、大年河和融江支流贝江均发源于此。山上森林茂密，盛产杉木、毛竹、椎木、梧桐木等优良木材。

瑶族的一个支系"背篓瑶"聚居在摩天岭上。自古以来，这里的瑶族姑娘习惯双肩背着竹篓上山劳动。为了让男青年分清楚她们是否已有心上人，她们以竹篓的口朝下表示已婚或已订婚，竹篓口朝上表示未婚或未有婚约。每年农历八月至次年清明，均是瑶族青年的婚姻吉日。

群脉东归

在广西境内的西北角，相对高程突出的大型山脉不多，但有自西向东的几条山脉覆盖范围十分广阔。主脉之外延伸出的连片山地，地势较高，山峦起伏，山中有山，形成浩瀚苍茫的山原景象。

桂西北山原地貌主要分布在天峨、凤山、凌云、百色一线以西的黔、桂、滇三省（区）边界。山脉的走向先是由北向南，继而由西向东倾斜。主要地貌类型有砂页岩山地和喀斯特山地两大类，山势连绵，地势崎岖，峰丛密布。人们可以利用的耕地主要是零散分布的低洼谷地和溶蚀平原。地质学家张文佑等人对这一地区进行考察，并于 1943 年提出"桂西运动"的地质构造概念，特别指出广西西部的下、中三叠统之间存在"不整合"接触所代表的地壳运动。

受突发性冷空气影响，桂西北地区一年四季常有冰雹降落，其中南丹、金城江、田林、西林等县（区）为多雹区。降雹主要集中在春季至初夏，有时冰雹大如鸡蛋，伴随狂风暴雨砸坏地面建筑和农作物，具有十分严重的破坏性，是广西主要的气象灾害之一。

【金钟山】

横亘在桂西北角的隆林各族自治县西面、西林县北面，南盘江河谷的南面，呈东西走向，是滇、黔、桂三

夏日的早晨，阳光穿过云层洒在金钟山的脊梁上，将山脉和村庄映得金光闪闪，如梦似幻（曾书奇　摄）

省（区）的界山。金钟山在隆林各族自治县境内，形似一口巨大的铁钟，海拔约 1819 米，山顶有泉源，常年不干涸；最高峰斗烘坡，海拔约 1950 米，登峰可俯瞰滇、黔、桂三省（区）的苍茫林海。

金钟山的云上人家（曾书奇　摄）

在金钟山的东部，有一处野猪岭景区，又名百鸟岭，海拔 1800 多米，是隆林各族自治县德峨镇"五岭八百峰"的最高峰。这里峰丛秀美，植被茂盛，气候凉爽，宛若人间仙境。

金钟山地层以三叠系砂页岩为主，间夹古生界灰岩及砂页岩。成山于燕山运动时期，在喜马拉雅运动时期

有几次间歇性的强烈上升，因此形成四级海拔平面层状上升的地形面貌。山原层层升高，山脉坡面明显，连绵起伏，深邃的谷地中河流蜿蜒。山区植被茂盛，有保存完好的原始森林，森林覆盖率高达90%。

金钟山自然保护区年均气温19℃，年降水量约1200毫米。金钟山自然保护区内动植物资源丰富，有多种木本植物，陆栖脊椎动物180余种，成片分布有世界性珍稀濒危孑遗物种、被称为植物"活化石"的国家一级重点保护野生植物贵州苏铁和隆林苏铁。建于1982年的广西金钟山黑颈长尾雉国家级自然保护区，是全国唯一的黑颈长尾雉自然保护区，黑颈长尾雉的数量占广西拥有量近一半。

金钟山东部的"五岭八百峰"。"五岭"指野猪岭、回音岭、白崖岭、羊路岭、吼喊岭，"八百峰"指气势磅礴、如波似浪的八百多座山峰（曾书奇　摄）

晨曦中的金钟山森林（曾书奇　摄）

【六诏山】

又称六韶山，横跨桂、滇两省（区），主体位于云南省文山壮族苗族自治州，向东南延伸至百色市那坡县中部和靖西市南部。山脉全长约160千米，宽约30千米，海拔在1000～1300米之间，在广西境内的最高峰为那坡县的规弄山，海拔约1681米。

六诏山属于古生代至中生代初强烈的断陷区，沉积着厚层的砂页岩与灰岩。在印支运动时褶皱成山，燕山运动和喜马拉雅运动时期继续上升。由于河流的侵蚀和切割，形成陡峻的中山地貌，具有山高坡陡、峡谷幽深的特点。山势向东南逐渐降低，变成了低山山地。

【黄连山】

位于百色市德保县西北部，属于云贵高原余脉，呈西北折东南走向，绵延40多千米。主峰黄连山海拔约1616米，北回归线从中间穿过，周围有原始森林和几十至上百平方千米的人造杉木林，属于广西重点水源林保护区。黄连山国家级自然保护区内动植物资源丰富，有国家一级重点保护野生植物德保苏铁。

黄连山古代称万荟山，是古代广西通往中国云南和缅甸的贸易线路，有一条茶马古道从万荟山东北部穿过。传说，古道两旁盛产黄连，古时有一位钦差大臣路过此地，因天热中暑，在万分危急之际，有人认出道路两旁草丛有黄连，便采挖捣碎研汁让大臣服下。大臣病愈后十分高兴，便将山名改为黄连山。

【都阳山】

位于广西盆地西北偏中区域，自西北向东南分布于凤山、东兰、巴马和都安等县。山脉长约 130 千米，平均海拔 600 米，主峰布老山位于凤山县以东，海拔约 1257 米。山体断裂构造发育，脉络不明显，大部分为喀斯特山地，由峰丛石山组成，峰顶齐平，溶蚀洼地深陷，呈蜂窝状，是广西最大的连片石山区。山区北部与东风岭山脉南端几乎相连，石山裸露，植被稀疏。

都阳山地表河系不发育，但地下河系发达。广西两大地下河系都分布在这里，北部为凤山县的坡心地下河系，南部为都安瑶族自治县的地苏地下河系。

地苏地下河长 50 多千米，汇水面积达 600 平方千米，有多条支流，最大流量达 390 米^3/ 秒，最小流量为 4 米^3/ 秒。地苏地下河从天窗露出地表后，成为美丽的澄江，并汇入红水河。红水河从北向南流贯其间，河床深切，峰丛夹岸，河流落差大，多险滩急流，水能资源非常丰富。

【青龙山】

属于云贵高原余脉的都阳山系，在都阳山主脉的西北部，山势北高南低，纵贯乐业、凌云、凤山、天峨 4 个县。山脉长约 75 千米，宽约 20 千米，海拔一般为 1000 米，其中不少山峰海拔在 1500 米以上，最高峰三曹山海拔 1657.6 米，位于乐业县境内。

青龙山的地层以晚古生界灰岩及三叠系砂页岩为主，在燕山运动时褶皱成山，其中由砂页岩构成的土山泥层较厚，利于树林生长，由灰岩组成的石山属于峰丛洼地类型。

广西著名绿茶品种凌云白毫茶，因茶叶背面长满绒毛、干燥后呈白色而闻名。其植株喜酸性土壤，主产地位于凌云县、乐业县的云雾山中，茶叶品质以青龙山脉的玉洪、加尤两地所出最佳。

【岑王老山】

属于青龙山的支脉，相传宋代岑姓土司占据此山为王而得名，又因其北宽南窄，略呈三角形，故又称"三角山"。地理位置延及田林、凌云、乐业、百色4个县（市）。山脉长约60千米，宽约25千米，海拔一般为1200～1500米。主峰岑王老山位于田林与凌云两个县

云海茫茫的岑王老山（广西春秋南国文化传播有限公司　提供）

的交界处，海拔 2062.5 米，是桂西北最高峰，也是广西第四高峰。

岑王老山的地层以三叠系砂页岩为主，间有古生界地层。在燕山运动时褶皱成山，久经侵蚀夷平作用，形成准平原，在喜马拉雅运动中再次隆起。岑王老山与青龙山一样，具有多级夷平面，因受侵蚀切割的作用，形成了山峰尖锐、岭脊狭窄、山高谷深的中山地貌。

岑王老山属于南亚热带东部山地湿润类型气候，冬冷夏凉，气温变化大，年均气温 13.7℃，年降水量1657.2 毫米。岑王老山原始森林植被保护完好，是中国"植物宝库"、国家级自然保护区，以春岚、夏瀑、秋云、冬雪四季美景不同而著称。岑王老山生物多样性丰富，拥有多种国家一级保护动植物。岑王老山拥有众多植物

岑王老山的晨曦（广西春秋南国文化传播有限公司　提供）

药材，是一座不可多得的中草药宝库。

岑王老山是桂西北地区重要的水源中心，乐里河、澄碧河、布柳河等河流均发源于此。河流向四周奔流，形成放射状水系。岑王老山是多处引水工程、大小水力发电站和农田灌溉的重要水源。山上植被呈垂直分布，海拔 1200 米以下为亚热带常绿阔叶林，海拔1200 ～ 1800 米为亚热带常绿阔叶和落叶混交林，森林覆盖率达 40%。居住在田林县岑王老山地区的瑶族人民，自古在二十四节气的雨水当天有植树造林的传统习俗。

岑王老山上的小溪穿越森林峡谷形成的瀑布（广西春秋南国文化传播有限公司　提供）

溪水潺潺的岑王老山（广西春秋南国文化传播有限公司　提供）

　　岑王老山北侧遍布喀斯特丘陵，世界著名的乐业大石围天坑群就位于山脉的北端。乐业大石围天坑群地处乐业县中部低山山原地区，同乐镇的刷把村百岩脚屯，百朗地下河系中上游。这里是我国云贵高原向广西盆地倾降过渡的斜坡部位，年降水量1400毫米，年均气温16.6℃，雨热同季；从大地构造位置来说，其位于华南地槽系西部的右江地槽内，属于典型的S形构造带。

　　S形构造为地势相对低于周围碎屑岩山区100～400米的喀斯特峰丛地貌区，区域内可溶岩地层厚2250～3500米。地质构造主要由一系列宽缓背斜交接复合成的S形旋扭构造及以东北方向为主的压扭性断裂组成，沿此背斜轴部发育了百朗地下河系统（流域面积达835.5平方千米，流量为2～161米^3/秒）。天坑群发育和分布在此地下河系的中游段。

　　乐业大石围天坑群有多个天坑个体，大约形成于

6500 万年以前，是世界最大的天坑家族中塌陷型天坑的典型代表。它们的平面形状各异，总体为近浑圆状，竖剖面可分成倒置漏斗型、井筒型和漏斗型 3 种，坑底普遍堆积大量崩塌岩块。乐业大石围天坑的坑体绝壁高约 569 米，是世界上较高的天坑绝壁之一。

国际上将深度和宽度均超过 500 米的天坑称为超级天坑，深度和宽度在 300～500 米之间的称为大型天坑，深度和宽度在 100～300 米之间的称为标准天坑。

在乐业县境内已发现垂直深度与坑口直径分别超过200 米和 100 米的天坑共 40 余个，分别坐落于乐业大石围天坑周边的 20 平方千米内。其中，最大的天坑深度达 613 米，多数天坑深度在 100～300 米，口部直径 55～600 米，平均口部直径 300 米，天坑分布密度达每 10 平方千米 2 个。

在乐业大石围天坑群中，有超级天坑 2 个，其余为大型天坑和中小型天坑。乐业大石围天坑群是我国唯一以天坑群为主体的大型国家地质公园。地质遗迹主要包括乐业大石围天坑群中的大石围、白洞、大坨、罗家、苏家、燕子等天坑，以及中洞、马蜂洞、琢木当上洞、琢木当下洞、晚霞洞、大石围地下河、白洞地下河、冒气洞天窗和大石围景区出口附近的樱花林、神木天坑森林、冒气洞呼吸景观等，其中以大石围天坑为核心景观。它们以神奇、险峻、生态独特而著称。

天坑群内部原始森林生长有种类丰富和形态迥异的香花植物，其中以兰科植物为主。2001 年，在大石围天坑发现的大石围绿花杓兰，甚为珍贵。多花兰、羊耳蒜、硬叶兜兰等种类的发现，表明我国西南喀斯特森林拥有丰富的兰科植物资源，也奠定了天坑及其生物多样性作为世界自然遗产的独特价值。同时，在天坑森林中还栖息着世界罕见的野生动物，如黑颈长尾雉、蟒蛇、猴类、隼类等。洞穴地下河发现了盲鱼、鲶鱼等多种视觉退化的暗适应鱼类，是研究我国洞穴生物和地下河探险猎奇的珍贵资源。

【凤凰山】

位于都阳山脉北端，斜贯南丹、天峨、金城江、宜州4个县（区）。北起南丹县月里镇，向东南延伸至宜州区龙头乡。山势北高南低，海拔一般为900米，相对高度600～800米。海拔在1000米以上的山峰有10多座，包括南丹县东北部的八号坡以及南丹县城南面的鲁王山。最高峰三匹虎在天峨县与南丹县交界处，海拔约1356米，是河池市第二高峰。

凤凰山主要由泥盆系、石炭系的砂页岩及页岩构成，山岭明显，坡陡谷深。由石炭系灰岩组成的峰丛石山，峰体粗壮雄伟。溶蚀洼地闭塞深邃，红水河支流刁江流贯其间。

凤凰山在印支运动时褶皱成山，并产生断裂；燕山运动时有花岗岩侵入，形成丰富的有色金属矿藏，以锡为主，还有铅、锌、锑、铟、银、镓、镉等多种金属共生矿产，稀有金属储量居广西第一位。

在右江上游，广西弧山脉西翼外侧，云贵高原群脉东南边缘，凤凰山西侧，形成了一块向东南开口的百色盆地。百色盆地位于右江复向斜的西北端，由田东县东南方的坡塘村起，向北延伸至百色镇止。谷地长约80千米，宽2～3千米，在田阳区一带宽7～10千米。平原沿右江河岸断续分布，平原类型以冲积平原为主。

右江复向斜形成于燕山运动和茅山运动时期，三叠纪以前的岩层发生褶皱，形成西北—东南向的复向斜构造，同时发生了断陷。第三纪时在拗陷和断裂的作用下，地体下沉为内陆湖盆，在湿热的条件下，形成了百色盆地含煤和含油地层。第三纪末的构造运动使地盘上升，结束了内陆相沉积，右江便沿着地势的倾斜面自西北向东南流淌。

在河流的作用下，百色盆地内形成了宽广的河岸冲积平原，并沿右江向东南倾斜。平原由近代河流冲积物组成，在田阳区一带厚度可达10余米，上层为棕灰色粉砂壤土，底层为卵石层，土层深厚，土壤肥沃。百色盆

百色盆地地势平坦，适宜种植水稻（侯珏 摄）

地光、热资源充足，是广西光照和热量较丰富的地区之一，十分适宜种植热带水果。

百色杧果闻名遐迩，得益于适宜的气候、土壤等自然条件。首先，百色盆地气温适宜，夏季最高气温不超过35℃，冬季最低气温不低于5℃，这样的气候条件有利于杧果的生长发育和果实成熟。其次，百色市的降水量充沛，且分布均匀。充足的水分有利于杧果树吸收养分，促进果实生长。

此外，百色盆地的红壤和黄壤都具有较好的肥力与保水性，有利于杧果树根系的发育和果实的生长。同时，百色盆地位于广西盆地边缘，受海洋影响较大，空气湿度较大，有助于杧果形成较好的口感和品质。

百色杧果栽培历史悠久，果形、果色、品质俱佳（包图网　提供）

大地泛起涟漪

　　远古的地质构造运动，在中国的东西南北造就了许多山脉，作为亚洲大陆的东南角，广西区域山脉格局特征呈现出独特的面貌。如果将桂中地区的来宾市比喻成一盆水的中心，那么广西弧则是从中心泛开的第一道涟漪，而东南部两广交界和西南部中越交界的系列山脉，便是第二、第三道涟漪。

　　广西弧外的两道涟漪，其实属于地质上的桂东、桂东南华夏构造山地，主要包括海洋山、都庞岭、萌渚岭、大桂山、云开大山、大容山、六万大山和十万大山等山脉。这些山脉均呈东北—西南走向，山体庞大高峻，将广西东南部包围起来。

　　在隆起的大地之弧的间隔低矮地区，形成了北方寒潮侵入广西的三大风口与路径。最大的第一道风口是桂东北全州到桂林的湘江上游河谷地带，即湘桂走廊风口；第二道风口是桂东富川、钟山、贺州至桂东南一线的贺江上游谷地风口；第三道风口是桂西北贵州高原至河池龙江河谷一线的黔桂山间谷地风口。三大风口为北方强冷空气开路，形成季节性的寒潮天气，横扫桂北，抵达桂南，最后波及广西全境，在冬、春两季带来冰冻灾害，影响热带、亚热带作物的生长。

受到副热带高压控制，位于北回归线以南地区的南亚热带季风气候以及右江河谷的干热气候，虽然可以让水稻等作物一年三熟，但高温天气和热带气流、台风向北冲击，极易给桂西众多山脉迎风坡地区带来干旱，给桂南沿海地区带来强降水和洪涝。

此外，沿着广西弧以南及东翼外侧的桂东北、桂东南广大山地，受到南北季风交流碰撞的影响，形成若干个多雨中心地带，如东兴至钦州、昭平至蒙山、永福至融水一带，是广西发生暴雨较多的地区。

广西弧

广西弧地质构造线路是指在广西内陆腹地，西起都阳山，南至大明山，以镇龙山为弧的顶点，继而往东北方向曲折连接大瑶山和驾桥岭，近似 U 形的漫长地理脉络。这条脉络从宏观上诠释了广西的地质历史发展轨迹和地形地貌演变规律。

位于广西弧和南部外弧之间的河谷地段郁浔河谷平原，西起左江、右江汇合处的南宁三江口，东至梧州市藤县，是西江黄金水道两岸自带的天然粮仓。这片狭长的平原包含了互相间隔的坛洛平原、苏圩平原、浔江平原、贵港平原、横县平原等小型平原。

【大明山】

又称大鸣山，位于广西中部，南宁市以北的上林、武鸣、马山和宾阳 4 个县（区）交界处。山脉长约 62 千米，宽 15 ~ 20 千米，海拔一般为 1000 米。主峰龙头山海拔约 1760 米，位于山体的中部，是广西中西部的最高点。冬季气温在 0℃以下时，山上常有降雪和雾凇景观。

　　大明山于加里东运动时期褶皱成山，经过长期的侵蚀夷平作用形成准平原，随后产生沉降，沉积了泥盆系地层，在印支运动时期再次褶皱隆起，因此山脉形态厚重，气势雄浑，山脊线凸出且绵长，西坡陡峻，东坡和缓。山脉北部的地层主要为泥盆系砂岩、砾岩，南部为寒武

大明山的景象瞬息万变，常与云海相映生辉，浑然天成（卢伊琳　摄）

系砂页岩，两侧为泥盆系砂岩。地层矿产主要有黄金、铜、钨和水晶等。

　　大明山是壮族祖先重要的聚居繁衍之地，考古学家在山下的武鸣区陆斡镇发现许多骆越古国的遗迹和战国时代的物品。山顶有一平台，名为仙人台，民间传说是仙人聚会的地方。登上仙人台远眺，群山簇簇，云横半峰，气象万千。在仙人台观云海，每当阳光照射云雾，常见五彩光环，出现"光环随人动，人影在环中"的奇妙景象，被当地人称为"大明仙境"。

大明山上的彩虹（卢伊琳 摄）

大明山的中部正好位于北回归线上，因此成为亚热带地区物候的南北分界。山上动植物种类繁多，植物有1400多种，植被呈垂直分布，森林面积555平方千米，森林覆盖率在50%左右，其中福建柏、海南五叶松、罗汉松、天目紫茎等属珍贵树种；动物有50多种，包括黑叶猴、苏门羚、冠斑犀鸟、麝、鼯鼠和原鸡等珍稀动物。

大明山的东坡面迎东南风，是广西的多雨地区之一，且随着高度的增加，降水量也随之增多。山麓年降水量1800多毫米，海拔500米左右的年降水量约2334毫米，海拔1000米左右的年降水量超过3000毫米。大明山是广西重要的水源中心，发源于大明山的大小河流有30

多条。它们为多个大、中、小型水库和山塘补充水源，灌溉着武鸣、上林、马山、宾阳等4个县（区）300平方千米的农田。

大明山东麓的上林县，是珠江流域龙母文化的源头。传说在古时候，有一个贫穷的寡妇娅迈居住在大明山脚下，有一年冬天外出挖野菜，在路上看见一条即将被冻死的小蛇，因心生怜悯便把它带回家喂食。小蛇恢复生机，被娅迈当作儿子一样养育。时间过得很快，娅迈的小茅棚已装不下逐渐长大变长的蛇，蛇的尾巴经常露出屋外，为此娅迈砍去了蛇的尾巴，使它变成了秃尾蛇，壮话称之为"掘"，娅迈为它取名"特掘"。没有尾巴的特掘不再竖长，而是横长，几乎把小茅棚挤破了，娅迈没有办法，只好把它送到河里自求生路。

此后，娅迈越来越老了，特掘经常偷偷地搬运瓜果鱼肉到娅迈的门前堆放。在娅迈死去的那天，只见天地间电闪雷鸣，有一条巨龙出现在娅迈的屋顶，并将老人带到大明山安葬。每年"三月三"这一天，特掘都会降临大明山为娅迈扫墓，大明山就会出现风雨雷鸣，人们认为那是特掘在祭奠养母而举行闹龙殿的仪式。

在大明山下的两江镇，还有一个动人的传说。很久以前，有一个叫达妮的女孩，自从出生后就患有皮肤病，长大后变得奇丑无比，村里所有人都避开她。伤心的达妮只能一个人跑到荒郊野外，因饥渴而昏了过去。后来有一匹白马将她驮起，带到大明山上的一处泉眼，给她喝了清泉水、吃了鲜果。后来，达妮变成了一个美丽、勇敢的姑娘。她与白马回到村里，刚好遇上兵荒马乱，当地百姓便奉达妮为女王。女王率领众人击退了强盗，让家园重回安宁。

这些动人的民间传说，为大明山增添了许多神秘的色彩。世世代代生活在山脚下的壮族人民，在茶余饭后也有了独特的精神寄托。

20世纪50年代，大明山脚下的武鸣壮话被定为壮语的标准音。在大明山附近挖掘出土的石玉戈、青铜器等大量先秦文物，证明这片区域曾是古代骆越方国的中心。在武鸣区环大明山的几个乡镇至今仍流行跳骆垌舞。

大明山下的上林县三里镇喀斯特峰林平原区，风景秀丽，有"小桂林"的美誉，为唐代澄州州治所在地，至今仍保存有享誉书法界的"岭南第一唐碑"，遗憾的是徐霞客曾到此游览月余，却无缘一睹唐碑。解放战争时期，粤桂边区人民解放军独立第五团第五连在上林县塘红乡建立革命根据地。1949年11月，中国人民解放军第四野战军第三十九军与中国人民解放军粤桂边纵队第八支队第二十二团在上林县塘红乡石门村胜利会师。

大明山南端余脉的昆仑关，顶峰海拔306米，群峰环拱，道路崎岖，是桂中平原通往南宁盆地的必经之路，有"一夫当关，万夫莫开"之势，自古为兵家必争之地。历史上这座海拔不高的山脉曾发生过5次较大规模的战役，如北宋名将狄青星夜翻越昆仑关奇袭侬智高之役以及抗战时期的昆仑关战役。1939年12月，中国军队为收复昆仑关血战十余天，打败号称"钢军"的日军坂垣师团，击毙日军少将旅团长，歼敌5000多人，震惊中外。

位于大明山西南部的武鸣盆地，属断裂下陷的溶蚀性盆地，早在中生代燕山运动时期就已形成。盆地基底主要由上古生界的石灰岩构成。盆地内平原面积771.75平方千米，其中冲积平原占平原总面积的50.7%，其余为溶蚀平原。平原分布不连续，多沿武鸣河及其支流零星分布，主要平原有香山河平原、双桥平原、宁武平原、锣圩平原、府城平原和两江山前平原等。这些平原一般存在两级阶地。一级阶地高出河面10余米，遇特大洪水时被淹没，其组成物质为近代河流冲积物，地势平坦，底部常有河流卵石层，上部为壤土或砂壤土质，土地肥沃，是双季稻种植区；二级阶地高出河面30～40米，呈波状起伏，凹地发育，地表有疏松的红土层，富含铁、锰结核，以旱作为主。阶地上时常有石灰岩残丘或石芽出露。该区域四周高、中间低，为断裂下陷的区域，水流集中，水源充足。

【镇龙山】

位于南宁市宾阳县、横州市和贵港市覃塘区的交界处，是一个典型的穹窿构造山体，呈椭圆形。山脉东西长约32千米，南北宽约27千米，海拔一般为700米。镇龙山的主峰大圣山，位于横州市、宾阳县、贵港市交界的镇龙乡，海拔约1170米，因其四周为平原，远看雄伟壮观。

镇龙山是广西弧的南部顶点。山体中部地层为寒武系砂页岩，周围属泥盆系砂岩。在加里东运动时褶皱隆起成山，然后下陷，印支运动时再度隆起。山脉四周是由泥盆系砂岩构成的单斜山，逐级降低至喀斯特孤峰平原。发源于镇龙山的河流顺坡奔流，分别注入南面的郁江和北面的红水河。山地周围修建有数十座中小型水库，是广西中部重要的水源中心。山坡上树木多为马尾松，沟谷为亚热带常绿阔叶林。森林面积约 320 平方千米，森林覆盖率 30%，木材蓄积量约 70 万立方米。

山脉西侧的九龙瀑布群国家森林公园是横州市古十景之一的"三峡悬流"所在地。九龙河，原名喜旧溪，在长约 4000 米的河道上，凭借地貌差异形成了大小 10 级瀑布。从戏水滩往上至以堵勒大瀑布，共有 4 个钙化岩石台阶呈阶梯状展布，第一台阶高 1～3 米、宽约 70 米、长约 100 米，灌木丛生，叠翠如盖，溪水分成数十股从滩面冲下，发出悦耳的响声。位于镇龙山以南的横县平原，西至伶俐、南阳，东与贵港平原相接，东西长 60～70 千米，南北宽 30～40 千米，为广西第二大冲积平原。平原基底地层为泥盆系和石炭系的石灰岩与砂页岩，在已被溶蚀和侵蚀削平的剥蚀面上，广泛沉积了第四系地层。尚有蚀余残丘和孤峰耸立于平原之上。平原海拔 50～70 米，呈北高南低的态势。北部青桐圩至云表一带的平原海拔 70 米，中部关塘一带的平原海拔 60 米，南部横州市附近的平原海拔 50 米。平原多沿郁江及其支流两岸发育，全部为冲积平原，水土条件好，多为高产、稳产农田。

【莲花山】

古代称宣贵山，又称龙山或北山，与镇龙山相距 10 余千米，属于大瑶山系余脉。山脉主体位于贵港市覃塘区、桂平市和来宾市武宣县的交界处，长约 55 千米，宽约 20 千米，海拔一般为 600 米。主峰大天平山位于山脉南端，海拔约 1158 米，属于花岗岩山体。中部地层为寒武系黄洞口组的浅变质砂页岩，四周为泥盆系砂岩、砾岩，西南端分布有燕山运动初期的石英闪长岩及花岗岩岩体。在加里东运动时褶皱成山，后发生沉降，沉积了泥盆纪地层，印支运动时再褶皱成莲花山背斜。地下矿产主要有金、银、铅、锌、铁等。

莲花山地势由西南向东北倾斜，山体形状如槽，具有北、西、南三面高，中部低，背斜成谷、两翼成山的地貌特点。马来河由南向北穿过中部山地，再从东北端注入黔江。山谷中部建有达开水库。山上植被茂盛，多为人工种植的马尾松和杉木林，盛产茶叶、竹笋和药材，著名的覃塘毛尖即产于主峰大天平山。

在广西弧的弧心，被大明山、镇龙山和莲花山包围起来的迁江—宾阳平原，是桂中平原的重要组成部分，也是广西境内面积最大的溶蚀侵蚀平原。

【大瑶山】

广西瑶族同胞的重要聚居地，地处北回归线偏北。山体庞大，山脉绵长，纵贯来宾市金秀瑶族自治县、武宣县、象州县，柳州市鹿寨县，桂林市荔浦市，贵港市平南县、桂平市和蒙山县等 8 个县（市）5000 余平方千米地域，南北长约 130 千米，宽约 50 千米，海拔在 1200 米左右，其中海拔在 1300 米以上的山峰有 60 多座。

云蒸雾绕的大瑶山（覃刚　摄）

　　主峰圣堂山位于金秀瑶族自治县南部，海拔约1979
米，是广西中部最高的山峰。圣堂山由7座海拔在1600
米以上巍峨雄奇的山峰组成。山体高大雄伟，脉络明显，
具有山高、谷深、坡陡的特点。圣堂山上有一棵古树——
千年南方铁杉，树干纵横交错，历经千年仍傲然屹立，
枝繁叶茂，被誉为"平安古树"。山上植物种类约2300种，
居广西群山之首。分布在海拔1500～1800米地带的
野生杜鹃花，连绵万亩，每年五六月的花海色彩斑斓，
与云海交相辉映，蔚为壮观。

圣堂山上古树冠盖如云，郁郁葱葱，一派欣欣向荣的景象（卢伊琳　摄）

圣堂山的群峰长年掩映在云雾之中，云雾似喷涌而出，四处飞散，
恍如海市蜃楼、蓬莱仙岛，又似一幅幅流动的水墨画（覃刚　摄）

云海之中的圣堂山风光（覃刚　摄）

　　大瑶山中部为泥盆系砂岩、砾岩等水平岩层分布地区，群峰连绵之间丹霞地貌广泛发育，奇形怪状，气象万千。圣堂山南面的五指山崖壁陡峭，在日出日落时分，到处金碧辉煌。山脉的边缘地区，岩层倾角较大，形成众多单斜山体，峡谷深切，崖壁陡峭。

　　大瑶山北段西坡的莲花山风景区，石壁重叠，壁立千仞，单峰竖起，云雾缥缈之时宛如仙境。主峰能多峰，海拔约 1350 米，因远眺宛如莲花盛开而得名，可与电影《阿凡达》取景地张家界的地貌相媲美。需要指出的是，此处的"莲花山"虽然十分有名，但并不是上文提到的贵港市莲花山，由于广西境内名为"莲花"的山体众多，二者极易混淆。

石壁陡峭的莲花山（卢伊琳　摄）

莲花山的云烟飞舞（卢伊琳　摄）

　　大瑶山西南侧的百崖大峡谷，位于武宣县境内，峡长谷深，巨石层叠，清流潺潺，为避暑胜地。附近西南坡的紫荆山，位于桂平市境内，主峰太平山海拔约1158米，山下的金田村曾是洪秀全发起太平天国农民运动的策源地。

　　位于大瑶山南麓、矗立在贵港市平南县北部的北帝山，丹霞地貌发育较为典型，奇峰突起、如剑如峭，常年云雾缭绕，石峰常出云海之上，神秘莫测。民间传说，北帝山为古时北帝巡游到此怒插宝剑镇山妖所成，如今已成为贵港市旅游名胜区。

　　大瑶山南段山脉被西江支流黔江横切而过，形成一道峡谷天险，即著名的大藤峡。传说古时有一根巨藤横挂峡谷江面。大藤峡水路为古代沟通桂中平原和

郁江平原的重要交通线路，历来为兵家必争之地，明代震惊全国的大藤峡壮瑶农民起义就发生在这一带。战事平息后，大藤峡一度改名为断藤峡。如今刻在石壁上的"大藤峡"三个字，为毛泽东手迹。

大瑶山区原始森林茂密，森林面积2830平方千米，森林覆盖率达40%，亚热带常绿阔叶林分布广泛，木材资源蓄积量280多万立方米，是广西重要的杉木、毛竹生产基地。大瑶山一年四季雨量丰沛，是广西最重要的水源林区，年产水量达27亿立方米，水能蕴藏量达23万千瓦，产水量和水能蕴藏量均居广西群山之首。有20多条河流发源于此，呈放射状分布，分别注入桂江、柳江、黔江和浔江。

生物多样的大瑶山（蓝建强　摄）

　　大瑶山是一个富有亚热带特色的庞大而美丽的自然动植物园，多样的生物类群在绿色的荫庇之下繁衍生息，青山绿水是无数生灵的乐土。大瑶山植物种类繁多，以维管束植物为主，居广西群山之首，是广西最大的天然植物园。大瑶山有银杉和树蕨等国家一级保护野生植物，有白垩纪孑遗植物青钩栲林分布区。大瑶山还是一个天然的绿色"药库"，药材种类繁多，经过考察鉴定的药用植物就有1300多种，以灵香草、千金草、石耳最名贵。

　　栖居在大瑶山的脊椎动物有370多种，昆虫800多种，大型真菌140多种，包括毛冠鹿、苏门羚、鳄蜥等珍稀物种。其中，最珍贵的是1928年在罗香发现的鳄蜥，它是我国独有的动物。

　　大瑶山是候鸟的良好落脚场所，每年寒露至立冬，成群的鸟类从北方飞到大瑶山的杂木林栖息，瑶族人民称之为"雪鸟"。它们有的来自西伯利亚、日本和朝鲜北部，有的来自我国的黑龙江和长白山。

　　近代著名鸟类学家任国荣先生，曾在20世纪20年代深入大瑶山进行科学考察，并于1929年出版了两部关于大瑶山的著作，详细介绍了大瑶山的自然与人文民俗。当代著名社会学家、人类学家费孝通先生曾五上大瑶山。1935年，25岁的费孝通与新婚妻子王同惠从南宁先后乘车船，再坐轿和步行两天，经过曲折漫长的旅程进入大瑶山考察。他们在大瑶山的山山水水中行走，调查采访当地人民，停留将近一个月，其间王同惠还与瑶族妇女结为"老庚"。他们在一次转场途中迷路，费孝通跌入捕兽陷阱，王同惠孤身下山求援时不幸滑跌悬崖罹难，费孝通幸得瑶族人民解救。如今在金秀瑶族自治县六巷乡的山上，还立有王同惠纪念碑。

在大瑶山和大桂山、大容山和莲花山之间分布着广阔的平原。其中，位于桂平市和平南县的浔江平原是广西连片面积最大的冲积平原，东西长 45 ~ 50 千米，南北宽 25 ~ 30 千米，面积约 1244.25 平方千米。其下伏地层为泥盆系和石炭系的石灰岩，中生代末至第四纪期间为一片低地，故在低地上广泛沉积了第四系河流冲积物。浔江平原海拔较低，只有 40 米左右，在平南县东南部的白沙角渡头附近，海拔低至 32 米。由于浔江平原地势低下，地处郁江和黔江的汇合处，两岸又有众多支流汇入，因此河道纵横交错，积水沼泽星罗棋布，略似河流下游出海处的三角洲地貌。

郁江两岸的贵港平原，西起贵港市与横州市交界的天堂岭，东至桂平市社步镇，东西延伸约 80 千米，南北宽 30 ~ 40 千米。平原类型包括冲积平原、洪积坡积平原、溶蚀侵蚀平原等。贵港平原发育于一个石灰岩古剥蚀面上，属于复向斜低地，在第四纪期间仍属低凹地带，为第四系地层沉积的场所。全新世以来，郁江河道左右摆动频繁，曲流发育，两岸冲积物质堆积比较旺盛，特别是在郁江北岸形成了较平坦的冲积平原。贵港平原海拔 40 ~ 50 米，在新龙农场海拔最低，只有 39.3 米；在莲花山前的洪积坡积平原海拔较高，海拔 60 ~ 70 米。贵港平原地面不平坦，其基底为泥盆系和石炭系地层，虽经长期溶蚀与侵蚀作用，但尚有蚀余的石灰岩或砂页岩残丘、孤峰和石芽等凸出平原面。

2015 年开工建设的大藤峡水利枢纽工程，大坝地址位于珠江流域黔江河段大藤峡峡谷出口（即桂平市南木镇弩滩村），是珠江流域西江干流上最大的水利枢纽工程。该工程以防洪、发电、航运为主，兼具灌溉、水产养殖等综合利用功能，对于保障珠江流域的水资源安全、改善生态环境、促进经济社会发展具有重要意义，尤其是位于工程辐射范围的郁浔平原和桂中平原地区将直接受益。

在广西弧的北侧，除了迁江—宾阳平原，还有由柳州平原、来宾平原、罗秀平原、鹿寨平原、武宣平原等组成的桂中平原。桂中平原位于广西盆地的中心，北至桂北变质岩断裂中山地带，东达广西弧东翼驾桥岭和大瑶山的西坡，西至广西弧西翼大明山和都阳山的东坡，南至镇龙山和昆仑关一带低山的北坡，总面积 8840.75 平方千米。

桂中平原地区光照充足，地势平坦，大部分区域土层较厚，地表水和地下水资源丰富，以盛产稻谷和甘蔗著称，被誉为"桂中粮仓"。但由于地下岩层以石炭系和二叠系为主，石灰岩密布，导致部分区域土地储水功能薄弱，在雨季和旱季容易发生洪涝与干旱现象。

来宾市境内 80% 的土地是喀斯特发育区，岩石裂隙多，耕作层浅薄，土壤保水性能差，降雨容易形成径流快速渗入地下暗河，地表藏不住水，而流量较大的红水河低于地面 50～100 米，引水十分困难。据统计，1957—2020 年来宾市几乎每年都有不同程度的旱灾发生，严重影响农业生产。为解决该地区长期以来的严重旱灾问题，从 2007 年开始，水利部、农业部（现农业农村部）和自治区人民政府与来宾市人民政府实施了规模浩大的"桂中治旱"水利工程。

"桂中治旱"水利工程是通过建设水库、水渠、引水工程等措施，将水资源从山区引向平原，扩大农田灌溉面积和提高水资源利用率，增强抗旱能力，保障农业生产和人民生活用水，同时加强湿地保护和恢复工作，提高生态系统的自我调节能力，减轻干旱对生态环境的影响。

两广连脉

桂东南山地的范围，北以郁江为界，西至横州市，东至桂粤边界，西南以十万大山南坡为界，南达海滨。该区域包括玉林市、钦州市大部分地区和梧州市、南宁市小部分地区，总面积44163平方千米，约占广西总面积的18.6%。

桂东南地区的主要山脉有云开大山、勾漏山、大容山、六万大山和罗阳山等，属于粤桂隆起的东南部，以古生界浅变质岩系为基底，中生代以后，地壳变动较大，特别是断裂和岩浆活动相当突出。古老变质岩系被中生代花岗岩穿插，沿东北—西南向的深大断裂带有大量花岗岩侵入，形成了大容山、六万大山等花岗岩山地。西江犹如破开万山的苍龙，奔流向海，将高山险阻的两广地区紧密连接起来，因此被称为"黄金水道"。

【云开大山】

位于梧州市苍梧县、岑溪市和玉林市容县、北流市、陆川县与广东省封开、郁南、德庆、罗定、信宜等县（市）

之间，为桂粤界山。在广西境内，云开大山北起苍梧县东南部的铜镶大山，南达陆川县东部的谢仙嶂，长约140千米，宽约30千米，海拔一般为500～800米。主峰位于广东省信宜市的大田顶，海拔约1703.9米。

云开大山的地层以寒武系和奥陶系的变质岩系为基底，分布有混合岩、混合花岗岩和火山角砾岩，在加里东时期和燕山时期有较大规模的花岗岩侵入。在地质构造上，云开大山为复背斜构造，地貌表现为多列岭谷相间平行的山地，在广西与广东之间有两列山地沟谷。

第一列为七星顶（位于郁南县南部，海拔约617米），罗云大山（岑溪市与罗定市界山，海拔约814.7米），大芒顶（岑溪市、罗定市、信宜市界山，海拔约1044米），南瓮山（容县与信宜市界山，海拔约1053.7米），勾髻顶（容县与信宜市界山，海拔约1040米）。

第二列为铜镶大山（苍梧县与郁南县界山，海拔约753.1米），周公顶（岑溪市中部，海拔约885.1米），大瓮顶（岑溪市南部，海拔约933米），天堂山（北流市与容县之间，海拔约1274.1米），谢仙嶂（陆川县东部，海拔约792.7米）。

两列山地沟谷之间分布有南亚热带季雨林，主要树种有格木、榄类、红锥、荷木、樟、桐木、米椎、红楠木等，盛产松脂、肉桂和八角。发源于云开大山的北流江位于两列山地沟谷间，流经玉林盆地，再注入西江。

【勾漏山】

位于北流市城区东面3千米处的勾漏村，海拔约

217 米，周围 10 多千米有石峰矗立，东部有汉唐时期以冶铜著称的铜石岭，南部有"望断云山抱恨长"的望夫山，西部有鬼门关（天门关）。主峰勾漏山内的勾漏洞为道教"三十六洞天"的第二十二洞天，由宝圭、玉阙、白沙、桃源 4 个洞组成，连通一线，全长约 1500 米。洞内石灰岩经过亿万年的溶解变化，形成了勾、曲、穿、漏的特点，勾漏洞因此得名。

勾漏山潜伏于地，崛起的山体位于云开大山与大容山之间，虽然体积和高度相对而言微不足道，但它却遗世独立，作为岭南地标名气极大。历代名流览胜于勾漏洞内，题诗 120 多首。

相传东汉时期的政论家王符到勾漏山抚琴抒怀，今洞口刻有"王符弹琴处"。至东晋咸和年间，道士葛洪辞去高官，为求勾漏令到此处炼丹，事成之后辞令东游广东罗浮山仙隐。唐代名将李靖的名作《上西岳书》碑文在洞壁存迹。洞口内壁有"勾漏洞天"的巨幅壁题，为唐末所刻；洞前山上刻着遒劲有力的"勾漏洞"3 个字，为大明永乐年间所刻。

明崇祯十年（1637 年），徐霞客到访勾漏洞，详细记录了这里的景观，并绘制了一幅勾漏山图。1988 年，勾漏山被评为自治区级风景名胜区。

【大容山】

横亘北流市、容县、玉州区和桂平市，长约 46 千米，宽约 30 千米，海拔一般为 800 米。主峰梅花顶的海拔约 1275 米，是桂东南地区的最高峰。

风光壮美的大容山（沈伟荣　摄）

　　大容山因其四周无所不容而得名，又有"盛夏有霜，分九十九涧"的记载。秦汉时期南越王刘龑在封南方五岳时，把大容山封为"南方西岳"。唐贞观八年（634年）置容州，即因大容山而得名。明崇祯十年（1637年）八月，徐霞客到大容山游览。

　　在燕山运动早期，大容山北部沉降为郁江—浔江谷地，南部沉降为玉林—南流江谷地，两处谷地之间为地垒式上升，同时伴随着大规模的花岗岩侵入，形成地垒式的

断块山。由于风化作用，山顶形成许多花岗岩块体，如山脉东端的三片岭，海拔约939米，是粗粒花岗岩沿垂直节理风化形成的"三片石"。山体受到西北—东南向断裂作用的影响，形成许多与构造线垂直的断裂带。

东西走向的大容山，横在郁江平原与玉林盆地之间，处于北部湾季风口中心，受到南北风向相互冲击，拥有丰富的风力资源，十分适宜建设大型风电场。

远远望去，大容山一列列高大的钢铁风车像卫士般坚守在高山之巅，云雾让风车时隐时现，在阳光的照射下成为一道亮丽的风景线（沈伟荣　摄）

大容山的山地两侧河流往往沿断裂发育，分别注入郁江、南流江和北流江。山上河流湍急，多急滩跌水，水能资源丰富，建有大容山水电站。大容山水电站建于1959年，主坝高42米，是广西第一座高水头水电站，其水力资源来自北流市青湾河上游的大容山水库。

大容山国家森林公园成立于2003年，地处大容山山脉腹地，总面积48.25平方千米。大容山林木葱茏、四季碧绿，植被以人工林为主，如马尾松、杉树、肉桂、八角等，森林覆盖率达92.5%。原生植被为南亚热带常绿阔叶林。据调查，大容山国家森林公园有植物300多种，其中国家重点保护植物20多种；常见的野生动

物有 180 多种。2009 年 1 月，经自治区人民政府批准，设立广西大容山自治区级自然保护区。

【六万大山】

位于玉林市兴业县、福绵区、博白县和钦州市浦北县、灵山县的交界处，主体部分在浦北县。山脉长约 70 千米，宽 30 ～ 40 千米，海拔一般为 500 ～ 800 米。六万大山的"六万"不是汉语数字之意，而是壮语山名。"六万大山"的意思是甜水谷大山。六万大山峰峦叠翠，植被茂盛，是一座原生态的"天然氧吧"。主峰葵扇顶

群峰连亘的六万大山（侯珏　摄）

在山脉东北部，位于浦北县和福绵区的交界处，海拔约1118米。次峰莲花顶海拔约980米，可远眺兴业县城全貌。

六万大山由华力西期的花岗岩侵入体构成。山体庞大，坡度达30°～50°，陡峭险峻。河流沿西北—东南向的断裂带发育，形成许多与山地走向相交的谷地，如浪平谷地和官垌谷地等。流水切割强烈，河流落差大，水能资源丰富。

六万大山的溪流（侯珏　摄）

　　山上天然植被为南亚热带常绿季雨林，主要种属有
海南风吹楠、见血封喉、乌榄和白榄等，森林覆盖率达
93%。山上有成片的八角树林，其中多株树龄超过80年，
是广西境内八角古树保存最多的区域。八角古树藏在"深
闺"近百年，最大的胸径有54.1厘米，最高的有21.1米。
夏天的清晨，整片古树林都是八角的香味，有一种云林
香海的感觉。六万大山林场面积146平方千米，其中有
林面积120平方千米，主产杉树、马尾松、火力楠和红
椎等，年产木材3万立方米，为广西南部重要的木材生
产基地。

六万大山的八角古树（侯珏　摄）

在大容山、六万大山和云开大山之间是向南开口的玉林盆地。盆地中央为玉林平原，其范围为东北延伸至容县西部的西山圩，西至六万大山山前，南至沙田。长约 60 千米，宽 15～20 千米，为东北—西南向的椭圆形，面积 758.5 平方千米。平原中心海拔 66～70 米。平原的类型以溶蚀侵蚀平原为主，占平原总面积的 51.3%。

在构造方面，玉林平原因位于南流江断陷谷地的东北端，其基底以泥盆系的石灰岩和砂页岩为主，地表覆以第四系全新统河流冲积物。虽为溶蚀侵蚀平原，但不显干旱，主要得益于周围山地之水土汇集，地表覆盖层厚，而且地下水资源丰富，具有一般冲积平原的特征。

在六万大山北麓的鹿峰山地区，山头林立，进可攻、退可守，清末民初曾长期被一个叫姜姐的女匪首筑寨盘踞，附近的百姓深受其害。20 世纪 20 年代初，在粤桂战争中桂系将领李宗仁退守兴业县，率官军打败山匪，把姜姐山寨改为屯兵休整之地。

20 世纪 50 年代初，国民党部分残余特务潜入六万大山、十万大山和金秀大瑶山，与地方恶势力勾结，企图破坏革命。中共广西省委根据中央指示，集结广西军民力量配合解放军围山剿匪，历时 3 年，终于将穷途末路的广西匪乱肃清。

【罗阳山】

位于六万大山的西北侧，为灵山县和浦北县的界山。山脉长 60 余千米，宽 10～20 千米。主峰罗阳山位于山体北部的灵山县境内，海拔约 869 米。

　　罗阳山与六万大山同一时期成山，山体浑圆，山脊明显，沿山坡一般可见海拔 500 ～ 600 米及 300 米两级坡折，常为缓坡，坡度约 20°，其余坡度在 30° 以上。西北坡受断层影响，十分陡峭，以 400 米的高度耸立在钦江谷地的东南侧。东南坡从低山过渡到丘陵，地势较缓和，坡度 20° ～ 30°，河谷切割较轻。河流呈梳状水系切割山体，最后分别注入钦江和南流江。山脉西北侧的灵东水库为钦州地区主要供水区。

　　据史料记载，1936 年 4 月 1 日，罗阳山脉山麓和西北坡一带曾发生 6.8 级大地震，约 50 万平方千米的区域有震感，被波及的灵山县平山一带损失惨重。

　　广西沿海地区每年均受到台风侵袭，发生在太平洋海面的热带气旋从广东沿海、北部湾海域登陆，如果没有罗阳山、六万大山、云开大山、大容山和十万大山等山脉迎面抵挡，猛烈的台风将横扫广西内陆全境。而首当其冲的钦州、北海、玉林三地，在每年夏季都会迎来多场狂风暴雨的洗礼，部分山区受积雨云的影响，在 5 ～ 8 月甚至成为雷暴等强烈天气现象的中心。

南疆脊梁

　　桂西南山地范围，东至横州市娘娘山，北以郁江和右江河谷为界，南达十万大山的南坡，西南至中越边界，西部至桂滇边界，包括百色、崇左、南宁 3 个市 15 个县（市、区）的部分或全部区域，总面积 42033 平方千米，占广西总面积的 17.7%。桂西南地区的主要山脉有泗城岭、大青山、金鸡山、公母山、四方岭、十万大山、古窦岭、那雾岭和西大明山等。这些山脉首尾相连，排列于中越边境地区，成为我国南疆的重要地理屏障。位于左江与右江之间的广大扇形区域，峰丛、峰林、溶蚀谷地、陷落盆地等喀斯特地貌普遍发育，地下河时隐时现。

在地质构造方面，桂西南区域属滇桂台向斜的西南部，以及粤桂凹陷与桂中凹陷的西部。基底由前震旦系板溪群组成。加里东运动使该区域下陷，沉积了泥盆系至二叠系的碳酸盐岩类。海西运动使左江谷地进一步下陷，形成三叠系巨厚的沉积。上述地层成为该区域地貌的发育基础，如泥盆系至二叠系巨厚质纯的灰岩，为喀斯特地貌发育奠定了基础，而砂页岩地层则构成了该区域流水地貌的基础。中越运动使地台开始活化，在灰岩区造成断裂，在砂页岩区造成褶皱。燕山运动加强了地台活化，导致该区域大面积上升，仅在断陷带仍属下沉，形成陆相湖盆沉积。第三纪末地势不断抬升，高耸的大青山就是那时喷出的流纹岩所成，同时形成多级剥削面及齐顶峰林。

每年五六月前后，海洋暖流夏季风盛行，广西沿海地区提前进入汛期。防城港、钦州、灵山、合浦、浦北、博白等地迎来强降雨，大小江河水涨船高，各地群众过节赛龙舟，这期间的降水被老百姓称为"龙舟水"。

【泗城岭】

位于崇左市天等县、大新县的交界处，东西长约37

千米，宽 8 ～ 9 千米，海拔 800 ～ 1000 米，相对高度 500 ～ 600 米，最高峰海拔约 1074 米。泗城岭为穹窿构造中山，其地层为寒武系变质岩。这块山地形成较早，在古生代广西被海侵时已成为孤岛，后经燕山运动而上升，成为高峻的山地。在上升的同时，南面和北面都有断裂产生，使南北两坡特别陡峭。山地周围为峰丛、峰林环绕。泗城岭的西南面 20 多千米外即德天跨国瀑布，西面 30 余千米处为通灵大峡谷。

【大青山】

主体位于崇左市龙州、凭祥两个县（市）的西部，西端延伸至越南境内，是广西唯一由火山喷出岩（流纹岩）组成的山脉。山脉长约 23 千米，宽约 6 千米，面积约 140 平方千米，平均海拔 500 ～ 800 米，主峰大青山海拔约 1045.9 米。

由于中生代燕山运动时期的岩浆活动，导致大青山流纹岩沿断裂带大量溢出，形成流纹岩山地，流纹岩面积约占山体总面积的三分之二。山脉四周分布着由三叠系砂页岩、板状页岩及古生界灰岩组成的丘陵，山顶浑圆，坡面缓和，山底可见几组坡折面。

大青山南北各峡谷隘口自古为兵家必争之地，如著名的友谊关即位于大青山南段西坡中越交界处。

大青山原有大片茂密的原始森林，中华人民共和国成立前被砍伐殆尽。中华人民共和国成立后，大青山林场已营造面积约 153 平方千米的松树、杉树、桉树、八角等林木，为几百个荒山秃岭披上了绿装。国家科学技术委员会（现科技部）和林业部（现国家林业和草原局）在这里建立的珍贵特有树种现代综合科学实验基地，是我国三大林业实验基地之一，总面积达 427 平方千米。现有国家级保护的珍稀濒危树种 30 余种，如桫椤、蚬木、云南石梓、印度紫檀和香梓楠等。

位于大青山北部的龙州盆地，地处左江上游，以龙州镇为中心，呈汤勺状分布，北有弄岗喀斯特山地，东为陇瑞山地；水口河从西北来，平而河从西南来，上龙河从北来，组成向心水系。有水口槽谷和武德—上龙槽谷于龙州附近汇合，形成宽广的河谷盆地。盆地南北宽 18 ~ 20 千米，东西相距约 18 千米。盆地基底地层由二叠系、三叠系的薄层灰岩夹砂页岩或火山岩组成，局部有石炭系灰岩分布，上覆第四系地层，以红土为主，质地疏松，构成波状起伏的平原或台地。

在龙州至上龙一带，水口谷地的红土层较薄，石芽成片裸露，成为农业开发的主要障碍。平原面积 205.5 平方千米，以溶蚀侵蚀平原为主，主要有分布于水口至罗同一带的溶蚀侵蚀平原、上龙石芽平原、下冻山前平原和彬桥溶蚀侵蚀平原，还有小块的霞秀冲积平原。

龙州盆地以东与大青山遥相对望的弄岗自然保护区，始建于 1979 年，是中国保存最好的喀斯特热带季雨林保护区，所处山地平均海拔 450 米，有国家一级重点保护野生动物如白头叶猴和黑叶猴，还有金花茶、蚬木等多种植物资源。

【金鸡山】

古代称梅梨岭，即右辅山，位于友谊关右侧，虽然海拔仅 596 米，但山势险要，巍峨矗立，四周悬崖峭壁，威武天成，犹如金鸡昂首啼鸣，屹立在南门群山之巅，为南关边境线上最壮观的石山。

金鸡山顶上有 3 个山头，呈犄角鼎立之势，为兵家要地，历代均设重兵把守。1885 年，冯子材率萃军与苏元春率领的清军依靠镇南关（现友谊关）屏障，取得抗击法国侵略者的谅山大捷。中法战争后，苏元春派部将马盛治于山上营造镇中、镇南、镇北 3 座炮台。每座炮台均处天险之地，立碑 1 块。炮台内各安放德制的 12 发大炮 1 门，炮身可旋转 180°。炮台外可俯视南关大门，控同登、谅山；炮台内可北顾隘口及凭祥。

金鸡山上的其中一座炮台（引自蒋廷瑜、林强、谢广维《广西文物》）

友谊关是中国十大名关之一，是通往越南的重要
陆路通道（蓝建强 摄）

1907 年，孙中山领导的同盟会在越南河内设立机关，策划实施里应外合之计，进攻镇南关，发动反清革命起义。12 月 2 日零时，革命军 300 多人从越南方向进攻，占领镇南关制高点右辅山及炮台，缴获清军枪支和大炮。天亮以后，孙中山率黄兴等人抵达山头，指挥革命军炮击清军。但革命军被清军陆荣廷、龙济光部堵截，进退维谷，难以回旋。黄明堂奉命坚守要塞，等待救援，而赶回河内筹集枪械弹药的孙中山却被法国勒令出境，革命军终因寡不敌众，被迫撤回越南燕子山休整。

1979 年，公路修建后可直达山顶，登上金鸡山远望，万里山河尽收眼底。边境线上，群山起伏，层峦叠嶂，形成拱卫祖国南疆的自然屏障，蔚为壮观。

【公母山】

位于大青山东南方，中国崇左市宁明县与越南的交界处，东起宁明县峙浪乡，西至越南谅山市，为中越两国界山。因其东段北坡有两座巨大的山体并列，高耸于群峰之上，酷似天然配偶，故人们称之为公母山。

公母山地势高峻，坡度较大，平均海拔在 1000 米以上，最高峰海拔 1357.6 米。地层由紫红色砂页岩、砾岩等组成，基座为花岗岩侵入体，形成巨大的穹隆构造，上部覆盖层向四周倾斜。东、南、西三面的坡面比较完整，只有断距 20 ～ 30 米高差的断块出现，从山顶至山脚以 30°的坡面直下山麓。北坡受南北向断裂作用影响，出现数条断裂山谷，穹窿构造山体受到破坏，形成尖锐、高峻的断裂猪脊山。

公母山地势雄伟，为南北季风交接地带，空气湿度大，常有云雾蒸腾，降水丰沛，为中越边境众多河流的发源地。

【四方岭】

位于上思、扶绥两个县的交界处，为十万大山北部支脉，海拔一般为 500～700 米，主峰蕾烟泰海拔834.5 米。山体主脉地层以砂页岩为主，局部地区有砾岩、灰岩分布，属于低山构造。山地可分为山前丘陵、中部石山和四方岭主脉三带。山前丘陵由砾岩组成，以小断裂与平原分开，丘陵坡度较大，岩层裸露。中部石山介于主脉与丘陵之间，呈东西向带状分布，面积较小。此带灰岩之上覆盖地层多为致密、透水性差的泥质砂页岩，喀斯特作用微弱，形成了缓坡的山地，但在一些地方也有圆洼地、落水洞、漏斗和地下河发育。北坡流水较强，地貌显得破碎，峰峦起伏，坡度较大。介于四方岭山脉北部和邕江南岸之间的苏圩平原，平均海拔 150～200米，长约 42 千米，宽 12～18 千米，90% 以上的区域为溶蚀侵蚀平原。

【十万大山】

东起钦州市贵台镇，西部余脉伸入越南境内，主体在我国钦州、防城港两个市的交界处。山脉长 100 多千米，宽 30～40 千米，为广西最南端的大型山脉，山脊线与海岸线平行。十万大山中的"十万"是壮语山名，意思是顶天大山。十万大山海拔一般为 700～1000 米，

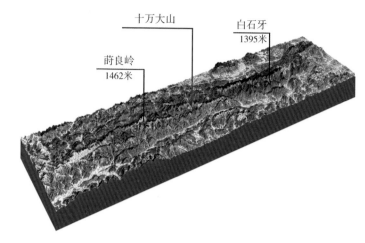

十万大山示意图（黄名华　绘制）

主峰莳良岭位于防城港市上思县南部鸡笼隘附近，海拔约 1462 米。

辛亥革命前，孙中山先生在镇南关领导起义失利后，移居新加坡。不久后，同盟会计划在广西边境进行第三次武装起义，由黄兴和黄明堂兵分东西两路夹击北上。1908 年三四月间，黄兴率领的义军纵横十万大山南北，与前来镇压革命的清军周旋 40 多天，一度奔袭到南宁七塘，但由于孤军深入，后援不足，弹尽粮绝，难以为继，起义队伍被迫解散，大部分义军退入十万大山。

中华人民共和国成立后不久，国民党第六十三军残余势力逃入十万大山地区，试图以此为屏障，联合地方恶势力发动暴乱，破坏活动猖獗。中国人民解放军第一百三十四师等部队，在群众的引导下挺进十万大山深处搜捕残匪，连续战斗 20 多天，歼敌 3000 余人，扫清了反动势力。

　　十万大山在喜马拉雅运动时期受花岗岩侵入的影响，发生挠曲作用，形成重叠的单斜山，是广西最年轻的褶皱山脉。山脉中轴地层以三叠系陆相砂岩、泥岩和砾岩为主，北翼为侏罗系砂岩、砾岩，南翼主要为印支期花岗斑岩和花岗岩。西北坡平缓，东南坡陡峭，山势雄伟，脊线明显。山坡有海拔 700 米及 500 米两级古夷平面，这是由新构造运动的间歇性上升形成的。

　　十万大山虽处于低纬度地带，但在海拔 1200 米以上的山地几乎每年均有结冰现象。因十万大山处于广西南部重要的气候分界线，南坡的几个乡镇山区处于迎风坡地带，降水量充足，如那梭镇年降水量多达 3700 毫米，是广西年降水量最多的地方；而北坡的上思和宁明两个县处于背风坡，年降水量较少，如上思县年降水量只有 1119 毫米，相当于那梭镇年降水量的 30%。由于山脉的屏障作用，十万大山南坡冬季温暖、舒适，是广西发展热带作物的理想之地，而北坡明江谷地则没有这种优势。

　　山地众多河流沿山脉两侧发育，形成典型的梳状水系。在南坡海拔 700 米以下的地带，是广西热带季节性雨林生长最好的地方，热带树种繁多，主要有窄叶坡垒、乌榄、白榄、海南风吹楠、桃榔、嘿咛、肉实树、红山梅、越南桂木、黄叶树、鱼尾葵等；海拔 700 米以上为亚热带常绿阔叶林，优势树种有黄果厚壳桂、厚壳桂、华桢楠、红锥等。

　　1980 年，国家在防城港、上思和钦州交界的十万大山南麓腹地建设华侨林场。目前，十万大山南坡已建立广西防城金花茶国家级自然保护区，北坡宁明县种植我国优良速生树种桐棉松。广西十万大山国家森林公园建于山脉中段北坡上思县境内，总面积约 580 平方千米，核心区面积约 200 平方千米。

位于十万大山以北、都阳山和大明山以西的桂西平原，因地处云贵高原边缘，平原面积较小。在面积为 7802 平方千米的平原地貌中，约 43% 为冲积平原，其余 57% 为喀斯特溶蚀平原，包括武鸣盆地、百色盆地、平果隆安平原、扶绥崇左平原、东罗罗白平原、宁明盆地、龙州盆地、雷平盆地和靖西喀斯特高原平原等，零散分布在山地丘陵之中。其中，宁明盆地位于上思县和宁明县的明江流域。明江发源于十万大山，自东向西流经上思县与宁明县，于龙州县上金乡注入左江。宁明盆地的南部为饭包岭，北部为四方岭，均由白垩纪、侏罗纪的红色系岩组成，故有"红岩盆地"之称。

明江在盆地的底部自东向西蜿蜒流过，河曲平原发育，在上思、昌墩、在妙、海渊、板棍、宁明等地形成数片冲积平原，中间有丘陵分隔，呈串珠状分布。平原面积共 305.75 平方千米。宁明县城附近的冲积平原长约 24 千米，宽 3～5 千米，海拔 110～120 米，微向河心倾斜；其组成物质为近代河流冲积物，厚达数米，覆盖红色或紫红色的亚砂土，土壤肥沃，为高产农田。宁明盆地是古代骆越人重要的聚居地，闻名世界的花山岩画久经风雨而不褪色。

在十万大山和六万大山南侧的桂东南平原，总面积 5634 平方千米，占广西平原面积的 16.3%。桂东南平原以冲积平原为主，海积平原居第二位。桂东南平原主要有博白平原、合浦平原、钦江平原和北流江平原等。这片靠近广东和南海的狭小区域，是广西县域经济较发达的地区之一，许多耳熟能详的名优特产均从这里产出。

【古窦岭】

又称古道岭、铜鱼山，位于钦州市钦北区板城镇。古时曾有人在此建庙修道，故称"古道岭"。山脉南北长约 5 千米。主峰古窦峰海拔约 629.5 米，属于花岗岩山体，为钦州市北部最高山峰。山南谷地是六万大山通往十万大山的走廊，为古代钦廉地区的交通枢纽。

【那雾岭】

位于钦州市东南部的那丽镇，山脉长约 6 千米，属于花岗岩山体，海拔约 416.1 米，位列钦州湾畔群峰之首。远看山峰如飞象扇耳腾云驾雾，故又称"象岭"。山峰在钦州平原上拔地而起，山上古树参天，常有云雾笼罩。山间有观海石、卧仙石、飞来石、流水石等奇石异景。钦州市古语有"东那雾，西古窦"的说法。那雾岭是钦州市登山望海的旅游胜地。山上的泉水甘甜似乳，故称"乳泉"。

【西大明山】

在左江、右江夹角以西的一列山脉，与大明山几乎相互垂直，位于崇左市大新县、扶绥县、江州区和南宁市隆安县之间。山脉东西长约 54 千米，宽约 25 千米，海拔 800 ～ 1000 米，最高峰海拔约 1017 米，坡度在

30° 以上。

山体地层由寒武系变质岩、泥盆系砾岩、砂页岩等组成，基底有花岗岩侵入，属于穹窿背斜构造，是一块剥蚀侵蚀的古老中山，喜马拉雅运动以后以上升为主。至今山上还保留有 1000 米左右的古剥蚀面，与武鸣、上林的大明山古剥蚀面形成的时期相当。在新构造运动的几个旋回中，形成了不同高度的坡折面以及山前丘陵的剥蚀面。

西大明山主体山地的外围，环绕着海拔 500～600 米的低山，与外围的喀斯特峰林同等高度，是燕山运动后形成的古剥蚀面，属白垩纪末至第三纪时期的产物。山地周围发育有接触溶蚀谷地，宽 800～1000 米，环山体四周分布，地面平坦，水源丰富，构成农业生产的基地。

西大明山东部的坛洛平原被左江、右江夹抱，北至右江与丁当河汇合处，南达扶绥县昌平乡，南北长 25～28 千米，东西宽 18～20 千米，总面积 345 平方千米。其中，溶蚀侵蚀平原面积 303.75 平方千米，占坛洛平原总面积的 88%，冲积平原面积只有 41.25 平方千米。平原基底为泥盆系和石炭系的石灰岩与砂页岩。

龙虎山是西大明山北麓的一座小山峰，周围已建成自然保护区，由低山、土岭、洼沟、江流和小型农场等组成，海拔一般为 300～500 米，占地面积 20 平方千米，有天然林面积 2 平方千米，森林覆盖率达 97.2%。现有植物 1000 多种，其中药用植物 600 多种，著名的"茶族皇后"金花茶在这里生长。龙虎山是中国四大猴山之一，龙虎山自然保护区内有黑叶猴、猕猴等 8 大群

3000 多只，分别盘踞在 3 个山头。猴群各有绝技，走钢丝、倒挂金钩、潜水游泳等无所不能。在这里，可以探索猕猴天堂的神秘世界。此外，龙虎山自然保护区内还有极其珍贵的冠斑犀鸟、白鹇、麝、小灵猫、穿山甲、蛤蚧、原鸡等野生动物栖居。

龙虎山的猴子在嬉戏打闹（引自杨民《诗情画意绿南宁》）

龙虎山风景（引自杨民《诗情画意绿南宁》）

在西大明山北侧的广大喀斯特丘陵地带，发现有两处近似天坑的塌陷漏斗，分别位于隆安县都结乡红光村玉良屯和布泉乡高峰村。玉良天坑深约 300 米，口部一面石壁凸出，呈三角形状，且内面石灰岩裸露白色，远望坑口就像一头巨型鲨鱼张开大嘴，故当地人称为"鲨鱼嘴"。坑底乱石堆积，一侧有地下河天窗，蓝色泉水长年不枯。

高峰天坑群有 3 个天坑，当地人称为公天坑、母天坑、子天坑。公天坑口径宽约 200 米，深约 150 米，坑口有大片石灰岩，坑内四面绝壁，形状如铁桶。母天坑位居

中间，深约 100 米，宽约 50 米。在母天坑旁边的深谷中有一条通道可通洞底，通道长约 60 米。坑内有地下河，每逢雨季，洞内地下河有水流出，将周边山谷淹没形成深潭。

位于西大明山西端大新县境内的燕窝天坑，是一个呈倒喇叭形的奇特天坑，洞口狭小，底部宽大，深约 50 米。坑底有一汪蓝翡翠般的悬湖水潭，高出附近的地下河水系 50 米左右，每当阳光从洞口照射其中，宛如悬空的探照灯窥视地府，奇异非凡。

与西大明山西端直线距离 30 多千米处的大新县雷

平镇，有一块面积约 250 平方千米的小盆地。呈西北—东南走向的跨国河流黑水河，与东北—西南走向的桃城河交汇于盆地中心，形成地势低平、形状狭长的溶蚀侵蚀平原。

雷平盆地四周有由泥盆系和石岩系灰岩组成的峰林围绕。盆地内孤峰林立，石芽出露，圆洼地、落水洞亦有发育。盆地内有两级阶地，一级阶地海拔 160 ～ 170 米，由近代河漫滩相或河流冲积相组成，土壤肥沃，水利条件好，是稳产、高产农田；二级阶地海拔 180 ～ 200 米，为第四纪红土堆积，土质黏，肥力低，灌溉不便，以旱作种植为主。

闻名世界的德天跨国瀑布，位于雷平盆地西北方向约 50 千米处的喀斯特山地中，而风光旖旎的明仕田园坐落在德天跨国瀑布与雷平镇的中点，四周是发育充分的喀斯特丘陵。在德天跨国瀑布正北约 6000 米处，为我国重要的锰矿生产基地下雷镇布新矿床，其碳酸锰矿的储量世界罕见。锰元素是制造各种类型钢铁和锂电池的重要原材料，大新锰矿开发利用将近 70 年，为我国钢铁产业和新能源产业的发展做出了重要贡献。

西南边关重要的旅游景点通灵大峡谷和古龙山大峡谷，位于德天跨国瀑布西北 20 多千米处。两处峡谷相距约 10 千米，均在靖西市古龙山水源林自然保护区的南端。通灵大峡谷是世界上较长的喀斯特地貌峡谷之一，峡谷中的岩石经过长时间的风化和侵蚀，形成了许多独特的地貌景观，水流潺潺，阳光艳丽，滋养了丰富和珍稀的动植物资源。

德天跨国瀑布落差超过70米，最大宽度200多米，是亚洲第一、世界第四大跨国瀑布（包图网 提供）

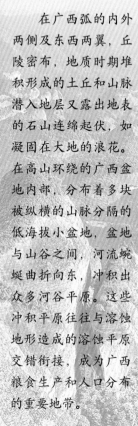

丘陵起伏映丹霞

在广西弧的内外两侧及东西两翼，丘陵密布，地质时期堆积形成的土丘和山脉潜入地层又露出地表的石山连绵起伏，如凝固在大地的浪花。在高山环绕的广西盆地内部，分布着多块被纵横的山脉分隔的低海拔小盆地，盆地与山谷之间，河流蜿蜒曲折向东，冲积出众多河谷平原。这些冲积平原往往与溶蚀地形造成的溶蚀平原交错衔接，成为广西粮食生产和人口分布的重要地带。

连绵起伏的丘陵

山地占据广西大部分面积，丘陵次之。丘陵是指地势起伏较小且相对高度一般不超过 200 米、海拔不超过 500 米的山丘，属于低山地貌类型。它们通常由一系列相互连接的山脊和山谷组成，形状多样，或圆形、椭圆形，或呈线带状。因土层厚度和土壤性状不同，丘陵地区的气候和生态环境因地而异，有的适合种植果树、茶叶等农作物，有的被森林植被覆盖，有的裸露成石漠，是生态系统的重要组成部分。

栖息家园

丘陵在人类历史和文化中具有重要的地位。在古代，人们常常在丘陵地带建造聚落和城池，以便防御和控制周边地区。此外，丘陵为人们提供了丰富的自然资源，如水力、煤矿、铁矿等，成为人类经济发展的重要支撑点。

丘陵地貌遍布广西各地，其中以桂南地区分布的丘陵面积最广，往往集中连片；桂西北山地较多，丘陵面积相对较少。

在构造方面，丘陵多为陷落或上升均不明显的地区，为山地和平原之间的过渡类型。丘陵地势起伏中等，海拔在 500 米以下，相对高度在 50 ~ 450 米之间。地形切割较轻，坡度普遍为 5° ~ 25°，干谷、冲沟、凹地广泛发育。由于有广大古剥蚀面存在，因此齐顶丘陵较普遍。由古平原切割而成的丘陵，其顶部常保存有河床卵石覆盖层。

在形态方面，丘陵常受岩性的影响。砂页岩丘陵常呈履带状分布，在构造的影响下，又变成平行于岭谷的褶皱结构。红色岩系丘陵，由于其岩层处于近水平状态，因此多形成齐顶丘陵状，常见单面山、陡崖等地貌发育。花岗岩和火山岩丘陵常呈片状分布，具有深厚的风化壳，坡面缓和，呈馒头山包状。

深山老林适宜野生动植物生长，平原地区适合人类大规模聚居生产，而地势相对低矮、地形复杂、利于防

桂北地区群山环绕，丘陵密布（钟智勇　摄）

御和隐蔽且邻近河流的丘陵地区，则是大部分少数民族的最佳选择。在广西的 11 个世居少数民族中，除了靠近海边以渔业为生的京族，其他如壮族、瑶族、苗族、侗族、仫佬族、毛南族、回族、彝族、水族、仡佬族等民族，无不聚居在丘陵山区或河谷地带，只有少部分村寨由于历史原因转移到高海拔地区。

如果从地名学上观察，那么密密麻麻分布在广西境内的以坡、弄、峒、谷、那、陇、山、塘、坳、岜、圩、洞、团、坪、冲、寨、庄等为名称后缀的村落，足以说明广西丘陵地貌的广泛以及人口与文化的多样性。

环江毛南族自治县丘陵在阳光的照射下生机勃勃（卢万举　摄）

表里相异

丘陵地貌的表面看似差别不大，但在绿色植被的掩盖下却有不同的内在性状。按成因及形态差异，广西的丘陵可分为砂页岩丘陵、变质岩丘陵、花岗岩丘陵、红色岩系丘陵、喀斯特化丘陵、火山岩丘陵 6 种类型。

【砂页岩丘陵】

广西砂页岩丘陵面积是各类丘陵中面积最大的一

类，集中分布在桂中地区，桂东南地区和桂西南地区次之。主要由古生界和中生界的砂页岩构成，常呈垅状分布，呈明显的岭谷平行状。有侵入岩的砂页岩丘陵，由于花岗岩穿插其中，石英脉广泛发育，在顶部常形成陡崖，在谷地常形成急滩或瀑布。其风化壳厚薄不一，以硬质砂岩、碳质页岩和石英岩为主的地段，土层薄，砾石多；在较软的砂页岩地段，土层较厚，常成为良好的经济林和用材林基地。

桂中地区是广西砂页岩丘陵分布最集中的地区，地层为古生界泥盆系、石炭系和二叠系的砂页岩。桂西部一些地区的三叠系砂页岩分布很普遍。这种类型的丘陵

一场秋雨过后，三江侗族自治县的丘陵云雾缭绕，从远处瞭望，宛如仙境，美不胜收（覃刚 摄）

主要分布在鹿寨、象州、柳城、来宾、武宣、上林、宜州等地，在都安、马山、环江等县也有分布。

【变质岩丘陵】

广西变质岩丘陵主要分布在桂东北地区和桂东南地区，在昆仑关一带及镇龙山、西大明山边缘也有分布。由片麻岩、千枚岩、板岩、片岩和石英岩等变质岩构成。由片麻岩构成的丘陵山势缓和、谷地开阔，风化壳深厚，一般可达 10 米，有的 30 ~ 40 米。由于风化壳深厚而疏松，易引起水土流失，导致河床淤积变浅，洪水泛滥。由千枚岩、板岩等变质岩构成的丘陵，受岩层产状、片

理构造走向的影响，形成有走向的条状丘陵，有明显山脊线，坡度大，一般 25°～40°，有峡谷生成，风化壳浅薄。

【花岗岩丘陵】

广西花岗岩丘陵主要分布在桂东南各县（市）及桂东贺州市、梧州市一带，在桂西南的凭祥市及昆仑关一带也有零星分布。主要由华力西期、印支期和燕山期花岗岩组成。海拔大多在 200～400 米，呈片状分布。外观呈馒头状，顶部可见古剥蚀面残余，坡面缓和，风化壳深厚，可达 30～40 米。在散流和暴流的作用下，常引起水土流失，形成千沟万壑、冲沟崩岗等地貌。

【红色岩系丘陵】

广西红色岩系丘陵海拔在 200～500 米之间，坡度 20°～30°。主要分布在桂西南郁浔谷地、明江谷地和桂东南北流江谷地，桂东北和桂中地区有零星分布。组成地层为侏罗系、白垩系和第三系的内陆湖盆相沉积，由于当时环境干热，沉积层呈红色或紫红色，并富含生物残骸、钙和钾等元素。由于地层水平排列，在地貌上常形成顶面齐平丘陵。由红色砾岩和红色砂岩组成的地段，基岩常裸露地表，常形成陡坡或陡崖，甚至形成丹霞地貌。由紫红色粉砂岩、泥岩组成的丘陵，坡面缓和，土层较厚，植物营养元素钾和钙的含量丰富。

【喀斯特化丘陵】

广西喀斯特化丘陵分布在桂中和桂西南地区，桂西北和桂东北地区有少量分布。

喀斯特化丘陵是指夹有砂页岩的石灰岩或夹有石灰岩的砂页岩所形成的丘陵。其组成的地层有泥盆系的榴江组，石炭系的大塘阶、岩关阶，二叠系的栖霞阶、茅口阶及三叠系的马脚岭组等。岩性为灰层薄质不纯且灰岩夹砂岩、页岩、硅质岩、泥灰岩，局部地区夹火山岩。由于灰岩层薄质不纯，且有砂页岩层形成隔水层，使喀斯特化作用难以彻底进行，因此形成喀斯特化缓坡丘陵地貌，又称半土半石山，一般坡面缓和，通常表层覆盖有红色土层，厚薄不一，在土层下常埋藏有石灰岩层。

隆林各族自治县德峨镇丘陵景观（侯珏 摄）

金光溢万峰的环江毛南族自治县丘陵景观（卢万举　摄）

云雾缭绕的环江毛南族自治县丘陵地貌（杨清毅　摄）

有石灰岩裸露的地段，亦有峰林、石芽、石沟、溶洞等喀斯特地貌发育。植被以灌木草坡为主，土层较厚的地方亦有用材林和经济林。

位于河池市大化瑶族自治县的七百弄，是云贵高原东南斜坡下部的桂西地区典型的喀斯特化丘陵地貌。由5000多座石山峰丛分隔出1300多个洼地山弄，层层相套，绵延不绝，其间散布有300多个原始古朴的村寨。2009年，七百弄被国土资源部授予广西大化七百弄国家地质公园资格。

在桂西北的喀斯特化丘陵地区，发育有少数天坑群落和近似天坑的塌陷漏斗，其个体规模和发育质量可圈可点。例如，环江毛南族自治县文雅天坑群的哥爱天坑，口部直径约500米，深约400米。巴马瑶族自治县的交乐天坑，口部直径400～750米，最大深度达325米。好龙（又称号龙）天坑口部直径600～800米，最大深度约510米，是目前全球发现规模硕大、形体较完整的喀斯特超级天坑之一，在中国十大喀斯特天坑中位居第二。好龙天坑四周绝壁环绕，岩壁陡峭，形如刀削，宏伟壮观，站在天坑边缘俯瞰，万丈深谷令人眩晕，透过薄雾，隐约看到天坑底部有泉溪、河床、农田，原始

被称为中国第二大天坑群的文雅天坑群植被郁郁葱葱，
四周被挺拔巍峨的大山所包围（杨清毅　摄）

植被丰富且良好。位于罗城仫佬族自治县四把镇的棉花天坑，从山顶深入地下，高约326米，宽约305米，犹如巨型漏斗，将秀丽的山间风光收入其中。天坑底部是茂密的原始森林，有天然洞穴。坑口和崖壁如今已开发成民宿旅游景区。

【火山岩丘陵】

广西火山岩丘陵面积不大，主要分布在桂西南和桂南沿海地区，在桂西南分布于宁明至扶绥一带。位于崇左江州罗白地区的火山岩，呈层状，产于三叠系百蓬组内，为中基性熔岩及凝灰碎屑岩。海拔200～250米，坡面缓和，顶面齐平，呈块状分布，土层较厚，土质较肥。

从分布地域来看，广西丘陵土壤的成分规律特点为由北向南分别是红壤、砖红壤性红壤及砖红壤性土，逐步变得贫瘠。从垂直分布来看，随着海拔增加，气温相对降低，相对湿度增加，土壤由砖红壤性土、砖红壤性红壤、红壤、山地红壤逐层转变，肥沃度相应增加。

桂中丘陵区位于北回归线以北，弧形山地内的红水河、柳江、黔江流域的土壤主要是红壤，细粒和小块状结构，土层深厚，上部较松，下部紧实，养分含量较高。其中山地红壤由砂岩、页岩和花岗岩发育而成，分布在山区丘陵，坡度大，土层厚1米左右；红壤由第四纪红土发育而成，分布在平缓丘陵和平地，土层较厚。该丘陵区内杂有少量石灰土。

桂西南丘陵区包括左江、右江流域的丘陵山地。土

右江流域的丘陵景观，河流穿过其中，
两岸植被丰富（侯珏　摄）

壤以砂岩、砂页岩母质形成的砖红壤性红壤为主，有部
分石灰土分布。

　　桂东南丘陵区位于北回归线以南，大瑶山山脉以东，
云开大山以西，包括梧州市3个县和玉林市7个县（市、
区）的广大区域。土壤以花岗岩、片麻岩、石英岩、千
枚岩等变质岩风化的砖红壤性红壤为主，土壤黏重，透
水性差，有冲刷现象，土层中夹有不同程度的铁锰结核；
有机质和氮素含量较桂中地区的红壤少，特别缺少有效

磷。土壤酸度大，土壤水分变化大，肥力较低。

桂南丘陵区以镇龙山南坡为界，十万大山以东、六万大山以西的广阔低平丘陵地区。主要是砖红壤性土，酸度大，盐基少，养分缺乏，铁铝累积较多，心土有较多的铁锰结核，土壤温度高，含水量变化大。该地区气温高、台风多、暴雨大，干旱期长，土壤干时较容易板结、湿时较黏重。

自古以来，由于特殊的地质条件，山多地少的广西平原有限，人们不得不靠山吃山，在丘陵山谷和斜坡开垦构筑适宜耕种的稻田。这些稻田以落差阶梯的方式沿坡而建，环环相扣，少则数百级，多则千余级。壮族、瑶族、苗族、侗族、仫佬族、毛南族等古老的山地民族珍惜世世代代居住的家园，在距离天空最近的地方，献上最虔诚的劳动，收获最本真的果实。

除了耳熟能详的桂林市龙胜各族自治县龙脊梯田，还有地处河池市南丹县芒场镇，河池市环江毛南族自治县驯乐苗族乡，柳州市融水苗族自治县白云乡、杆洞乡、安太乡，柳州市三江侗族自治县良口乡、富禄苗族乡、老堡乡，靖西市壬庄乡等多处规模宏大的梯田景观。

这些完全由人工开发的梯田，往往坐落在海拔200～900米的丘陵低山向阳坡面，根据地形起伏呈螺旋状堆叠分布，整整齐齐，弯弯曲曲，近看宛如天梯，远看仿佛大地泛开的涟漪，春夏秋冬植被换装，一日之间光影变化，异彩纷呈。

柳州市融水苗族自治县安太乡
元宝村梯田（黄云 摄）

青峰赤壁的丹霞

所谓丹霞，意思是红色的彩霞，出自古人的诗句，用来描述一种地形地貌，诗意且壮丽。

丹霞地貌的最大特点是石层裸露，山体岩壁呈现出明显的红色，这种色泽是岩石中的铁矿物质经氧化后的

结果。丹霞地貌具有平顶、陡崖、麓缓的方形山地、石墙、石柱、石峰及峰林等奇特造型，成为观赏价值极高的自然景观。

绚丽的色彩和垂直险峻的丹霞景观，在我国一些影视剧的画面中时常出现，如电影《英雄》中就曾出现我国张掖地区的七彩丹霞。此外，一些好莱坞电影也曾有主角攀登丹霞石壁的画面，以显示人类与自然的角力。

从科学的角度认识丹霞，可以追溯到 20 世纪 20～30 年代，我国地质学家冯景兰、陈国达先后考察广东省韶关市仁化县丹霞山，并提出"丹霞层"地层名和"丹霞地形"概念，由此开启了国际地貌学的新领域。

来宾市金秀瑶族自治县的五指山丹霞地貌。五指山因山犹如仙人五指并立天边而得名（覃刚　摄）

在两广丘陵地区，自古以粤北的丹霞山最著名，但广西的丹霞地貌也有广泛发育，且与丹霞山相比毫不逊色，这与广西的地质构造、岩性和地形条件息息相关。

水落石出

国际上将丹霞地貌定义为陆相巨厚层、厚层，产状平缓、节理发育、铁钙质混合胶结不匀的红色砂砾岩，在差异风化、重力崩塌、流水切割侵蚀等综合作用下形成的相对高度大于 10 米，陡崖坡度在 60° 以上的城堡状、宝塔状、针状、棒状、方山状或峰林状的丹崖赤壁地形。其中的红色砂砾岩是中生代侏罗纪至新生代第三纪内陆盆地沉积的红色碎屑岩系产物。

桂林资江—八角寨一带的岩层为白垩系紫红色厚层至巨厚层砾岩、砂砾岩、夹砾砂岩及少量含砾泥质粉砂岩。砾石最大者砾径可达 40 厘米，棱角至次棱角状，岩矿成分以花岗质碎屑为主。以砾岩为主的红层砂砾岩岩组坚硬且抗压强度大，但砂泥质、铁质胶结面较脆弱，力学强度降低，这种特点对丹霞地貌的发育具有决定性作用。

由于岩组夹有含砾泥质粉砂岩，当该软弱岩层出露在峰顶时常形成较厚的风化层，生长着茂密的原始树林；峰顶边缘易于剥蚀圆化，与陡崖呈弧形转折，崖坡岩层因坚硬而保持陡峭直立。各岩层软硬及钙质含量的差别导致崖壁上岩石的差异风化，槽、穴、洞、坑等溶蚀侵蚀形态集中在软岩层上，而硬岩层则相对突出，形成檐状、鼻状、柱状等。

　　玉林市容县的都峤山和贵港市桂平市的白石山均由老第三系红色岩系组成。岩性主要是紫红色砾岩夹泥质粉砂岩、薄层和砾状长石砂岩、不等粒砂岩。砾石成分为凝灰熔岩、石英斑岩、板岩、砂岩、灰岩及花岗岩等。都峤山的砾石以火山岩和变质岩为主；白石山的砾石以花岗岩碎屑为主；梧州市藤县的狮山岩层下部以白垩系上统砾岩为主，上部为老第三系岩层，以紫红色砾岩和粉砂岩为主，其中岩性较软弱的粉砂岩厚度较大，不能形成个体较小的塔状山峰或岩柱，只能形成寨状或堡状等个体较大的山峰。老第三系红色岩层含钙质较多，溶蚀作用较强烈，所形成的洞穴规模也较大。

都峤山以典型的丹霞地貌著称，山体北麓的丹霞赤壁犹如斧劈刀削，奇峰矗立，气势恢宏（沈伟荣　摄）

广西的丹霞山峰多呈寨状、堡状、塔状或柱状，峰顶宽平，陡崖坡度大，崖脚或是由崩塌堆积成的坡度较小的缓坡，或是没有崩塌堆积的基岩坡脚。其主要原因是在新构造运动以来，地壳的抬升幅度较大，地下主河流下切速度快，且下切深度一般在 600 米以上。由于局部侵蚀基准面低，各支流下切深度很大，地块被分割成许多高差达 400 米以上的山体，为丹崖赤壁的发育提供了临空面条件。

坚硬半坚硬的红色岩层属于脆性岩石，容易发育成与临空面平行的深大卸荷裂隙，岩块沿裂隙面崩塌下来后，崩塌面就形成了丹崖赤壁。崖脚的崩塌堆积物若被流水冲走，崖脚则由陡直的基岩组成；若不能被流水冲走，则形成坡度较小的崖脚。红色岩层中往往有软硬岩层夹层，崖脚的软岩层如粉砂岩、泥质粉砂岩等极易被溪流旁蚀，形成水平边槽。

彩云坠地

广西的丹霞地貌主要分布在白垩系或第三系红色岩层组成的构造盆地之中，如桂林市资源县的资江沿岸及湘桂交界的八角寨，梧州市藤县太平镇附近的狮山，贵港市桂平市麻垌镇附近的白石山，玉林市容县东南方的都峤山，玉林市北流市东北郊的铜石岭，玉林市博白县顿谷镇附近的宴石山，来宾市金秀瑶族自治县大瑶山部分区域以及钦州市灵山县的烟霞山等地，总面积约 48.75 平方千米，海拔 300～700 米，相对高度 200～600 米。

【资源八角寨】

位于桂林市资源县东北部，夹在越城岭与猫儿山之间，形成于白垩纪时期，是广西面积最大的丹霞地貌风景区，1996 年被评为国家森林公园，2001 年被评为国家地质公园，是我国著名的七大丹霞之一，有"丹霞之魂"的美誉。

八角寨丹霞群峰矗立，主峰海拔约 818 米，顶部面积约 7375 平方米，因整体形状酷似八角而得名，又因山顶时常伴有云带、云海等自然奇观，故名云台山。山顶平台宽阔，明代修建有天宫寺，寺庙附近有一处石梁横空而出，下临万丈深渊，形成 20 余米的独梁造型，奇险异常。有的村民置香炉于梁端处供奉神像，谓之龙头香，患有恐高症者不敢向前走去。八角寨丹峰壁立，山峰之间常形成狭窄的 U 形或 V 形谷地。拔地而起的赭红色奇峰，酷似一群飞腾嬉戏的巨鲸，故有"鲸鱼闹海"之称。

桂林市资源县八角寨的丹霞地貌（覃刚　摄）

放眼望去，八角寨跌宕起伏的丹霞峰丛波澜壮阔，如城堡、
战壕，内藏千军万马，蓄势待发，蔚为壮观（蓝建强 摄）

　　八角寨西面的群螺观，属于国家一级保护地质遗
址，拥有 4 座下平、中圆、上尖酷似海螺的丹霞石
峰。其中，螺蛳山峰顶标高 500.0 ～ 608.5 米，相对

高度 100 ～ 200 米，山顶直径 20 ～ 30 米，底部直径
100 ～ 150 米，在全国丹霞地貌中是独一无二的优美
风景。

【容县都峤山】

又称南山、萧韶山，在玉林市容县南面约10千米处。
《容县志》记载："山高三百五十丈，周一百八十里。"
都峤山于1988年被定为广西壮族自治区风景名胜区，

都峤山山体上的"佛"字为世界第一大摩崖石刻，是中国
佛教协会原会长赵朴初先生的绝笔（沈伟荣 摄）

景区面积约33平方千米，是一个丹霞风光与道教、佛教、儒教名胜古迹俱全的旅游胜地，素称"道教第二十洞天"。洞天分为南北两个洞，南洞为宝元洞天，北洞为都峤洞天。

都峤山有中峰、云盖峰、八叠峰、马鞍峰、兜子峰、

仙人峰、丹灶峰、香炉峰等 8 座山峰，崖壁如削，峰洞回环，石塔、石墙此起彼伏，香炉石、仙人石、石钟、石鼓、擎灯石等形状各异。各峰丛之间有大小岩洞 300 个，其中有名称的 100 多个，远近闻名的有 10 多个。

历代修道之人都喜欢在岩洞建房。都峤山上各岩洞所建房屋加起来近千间，其中有一处岩洞竟达 72 间房屋。目前，都峤山保存有灵景寺、三清寺、太极岩、娑婆岩、宝盖岩、碑记岩、圣人岩等遗址，东晋葛洪炼丹遗址历史尤为悠久。唐宋诗人元结、刘禹锡、杜牧、苏轼及明代地理学家徐霞客等都曾写过赞颂都峤山风光的诗文。

都峤山属于丹霞地貌发育到中后期阶段的地形景观，由于砂岩中节理、裂隙的扩张，不断向裂谷、巷谷发展，破坏分割峰顶面的台地，形成峰柱的残留体保留在峰体的上部，塑造出屹立山顶的峰丛。这类山顶峰丛属于紫红色砂岩形成的岩峰，柱状峰、崖壁、巷谷、岩穴出露在山峰上，海拔超过 700 米，相对高度近 400 米，错落险峻，气势非凡。

【桂平市白石山】

距离贵港市桂平市城区约 35 千米，面积约 20 平方千米，与都峤山东西呼应，素称"道教第二十一洞天"。山内名胜古迹有巨型摩崖石刻"白石洞天"，以及寿圣寺、三清寺、会仙寺、晒仙衣、李仙岩、云梯、环山古城、炼丹灶等数十处。

白石山的山体长约 30 千米，宽约 8 千米，在地质上位于华南板块南华活动带大瑶山隆起的南缘。丹霞地貌由第三系红色砂砾岩、砾岩、含砾粗砂岩、不等粒砂岩和细砂岩等构成。主峰公白石海拔约 648.8 米，因山体远望呈白色而得名。

白石山丹霞地貌具有地层沉积时代新、形态宏伟的特点，各类景观发育类型完整，集雄、险、奇、秀、幽于一体。白石山东面的水明湖与丹霞群山交相辉映，刚柔并济，具有很高的观赏价值。

【藤县狮山】

位于梧州市藤县太平镇南 5 千米处，距离县城约 60 千米，景区面积约 35 平方千米，由数十座海拔 300 ～ 400 米的丹霞山峰组成。主要景点有观音坐莲、双石峰、一线天门、向天印、石蛤戏锅、斑帐石、香炉石、长岩揽胜、双对蜡烛等，或双峰并立，或群石倒挂，或曲径通幽，趣味盎然。蟒蛇、野猪、山瑞、蛤蚧、鹤等稀有动物时常出没于山间树林，使裸露的丹霞岩层更显生机。

【灵山县烟霞山】

位于钦州市灵山县烟墩镇北部，郁江西津水库南岸的一列山脉西南麓，是一处由红色砂岩构成的小型连片丹霞地貌，由老子峰、擎天柱、花龙岭等自然山体景观构成，远眺犹如一座座红色的丰碑。山中有洞天瀑布，在日出日落时分，山水色泽红如彩霞，尤其是老子峰状如吉祥老人的面庞，十分奇特。夏季夜晚，萤火虫在山区出没，星光闪闪，宛如童话仙境。

青山不老话沧桑

　　世代居住在八桂大地上的人们，用勤劳的双手建设家园，以智慧和勇气开拓生活的疆域，在山水之间书写绵长动人的史诗，延续中华民族的文脉，守护祖国的南大门。沧海桑田，人事变迁，风云际会，往事如烟，唯有青山不老，绿水长流。

　　人类活动的痕迹在岁月中剥落，也在岁月中沉淀。千万年前的篝火人烟，也许早已归入寂静的荒野，今天的繁华地带，也许是往昔的不毛之地。历史和现实的答案，自然与人文交融的蛛丝马迹，也许就隐藏在一座座岛屿之上，一尊尊山体之间，一片片地层之下。

微信 / 抖音扫码

天涯海角之约

广西除了具有漫长的边境线和美丽的边关风情，还有距离不近、曲折蜿蜒的海岸线。海陆交接处，岩层凹凸，犬牙交错，砂石堆积厚薄不一，地形地貌变化多端，其中北海银滩、防城港东兴市金滩因细沙铺展面积大、色彩或纯白或金黄而举世闻名。

据统计，从东段的合浦县洗米河口到西端与越南交界的北仑河口，广西海岸线全长 1628.59 千米，广西管辖北部湾海域面积约 7 万平方千米。在这片蔚蓝色的海域上，分布着大小岛屿共 600 多个，其中面积最大的是涠洲岛，距离陆岸约 66.67 千米，最远的斜阳岛距离陆岸约 83 千米。

这些岛屿有一部分是地质构造运动时期，由于海底火山喷发、岩浆堆积而形成的基岩岛；一部分是因为沿岸河流长年累月冲积泥沙碎石，经潮汐互为震荡累积而成的沙岛。它们大小不同，高低有别，在汪洋大海中星罗棋布，有的成为人类活动的场所，有的则荒无人烟，仅供海鸟立足。

沿海诸岛

　　由于受陆上地貌的控制，广西沿岸地形有多种类型，以钦州市犀牛脚为界，东西两侧具有不同的地貌特征。

　　东部地区主要是由第四系湛江组及北海组构成的古洪积—冲积平原，地势由北向南倾斜，海岸线平直，海成沙堤广泛发育，而冰后期最大的海侵使平原边缘形成陡崖。西部地区则主要是由下古生界志留系、泥盆系和中生界侏罗系的砂岩、粉砂岩等以及不同时期的侵入岩体构成的丘陵与多级基岩剥蚀台地，海岸线蜿蜒曲折，港湾众多。

　　除涠洲岛、斜阳岛位于北部湾海面外，广西的岛屿主要分布于珍珠港、防城港、钦州湾、大风江、北海湾和铁山港的沿岸附近，一般离陆岸 500 ～ 1500 米。钦州湾的岛屿最多，占广西岛屿总数的 65.8%。

　　广西岛屿的面积大小有很大差异，渔沥岛面积约 12.44 平方千米，仅次于涠洲岛，最小的鲤鱼仔岛面积只有 600 平方米。据不完全统计，广西岛屿面积在 10 平方千米以上的有 3 个，其余均为小岛。涨潮时，各岛屿出水高度不一，斜阳岛出水高度约 140 米，渔沥岛出水高度约 104 米，最低的海岛出水高度仅有 1 米左右。在广西岛屿中，出水高度在 50 米以上的只有 19 个。这些岛屿的岩性可分为基岩岛和沙岛两大类。

　　所谓基岩岛，是指所有基岩在地质构造及岩性上与相邻陆地一致的岛屿。广西的基岩岛主要分布在东部构造区东南端的钦州湾，因受向压扭断裂和向张性断裂的作用，这一带的剥蚀台地被切割得较破碎而成为钦州湾中星罗棋布的岛屿，在龙门附近的台地则呈帽状孤悬海湾中，成为浑圆状小岛。基岩岛在西中部构造区的铁山港、合浦隐伏大断层西部的大风江、防城港和珍珠港等有零星分布。

基岩岛出露地层从老到新分别为下古生界志留系，上古生界泥盆系、石炭系、二叠系，中生界侏罗系、白垩系，新生界第三系和第四系，等等。其中，以下古生界志留系地层分布最广，其次为第四系地层。

基岩岛的特点是岛屿迎浪一侧遭受波浪侵蚀，海蚀地貌发育，岩岸上可见海蚀陡崖、海蚀洞、海蚀窗、海蚀拱、海蚀柱、海蚀平台；背向风浪一侧坡面略缓，且有宽度不大的海滩发育。涠洲岛为风浪塑造海岸南侵北堆的典型例子，岛屿岸线曲折，湾岬相间，四周多礁石。

基岩岛按形态可分为岛和陆连岛。岛是指四面被水包围，涨潮时露出水面，面积达 500 平方米以上的陆地，广西主要有涠洲岛、斜阳岛、松飞大岭岛、大胖山岛、大山老岛、高山岭岛、果子山岛、三墩岛等。陆连岛是指由连岛沙洲或人工筑路（筑桥）使海岛与陆地相连的岛屿。钦州市的龙门岛、防城港市的渔沥岛是人工筑路使岛陆相连而成的岛屿，而钦州市的鸡丁头岛是人工围堤使岛陆连通的岛屿。

沙岛，又称堆积岛，是潮流、波浪、沿岸流在凹凸海岸及近岸屏障等地貌作用下，由河流冲积物、沿岸崩塌物堆积而成，一般高 6 ～ 8 米。沙岛一般分布在港湾口岸边，沙岛大部分的内侧为港湾（潟湖）。由于沙岛的保护及潟湖中波浪微弱，沉积物多为细粒泥质物。广西沿海沙岛有沥尾岛、巫头岛、山心岛、外沙岛等。

京族三岛是指防城港市京族聚居地的巫头岛、山心岛、沥尾岛 3 座岛屿。岛上林木茂盛，适宜居住。岛的边缘分布有金色的沙滩，随着潮汐翻涌，海岛就像世外桃源，美不胜收。拍摄渔民赶海，是各地摄影爱好者在京族三岛上的必修课之一。

斜阳岛毗邻涠洲岛，是一座由火山岩堆积形成的基岩岛，岛上的火山岩层景观丰富多彩、形态各异，是重要的科普基地。1927 年，大革命失败后，中共党员陈光礼、薛经辉等率领广东省遂溪县部分农民自卫军 100 余人突破国民党军队的包围，渡海转移到斜阳岛坚持武装斗争，直至弹尽粮绝。

蝴蝶岛，又称天堂滩，退潮时与大陆连成海滩，涨潮时被海水包围变成小岛，仿佛一只飘落海面的蝴蝶，因此得名。

龙门群岛位于钦州市茅尾海南端，由 100 多个小型海岛组成，就像繁星坠落海面，星星点点，走在岛间的水路上就像走进海上迷宫。

此外，在广西沿海诸岛中，还有星岛湖、麻蓝岛、逍遥岛、六墩岛、大庙墩等众多在海上的美丽岛屿。这些岛屿与海潮起起落落、忽大忽小，值得游人去深入探索。

海上蓬莱

在海天一线的地方，有一个四季常青、温暖无冬的海岛——涠洲岛。涠洲岛是广西沿海第一大岛，位于北海市北部湾海域上，东望广东省湛江市雷州半岛，西面面向越南，南与海南岛隔海相望，北临广西北海市，地理位置为东经 109° 00′～109° 15′、北纬 20° 54′～21° 10′。涠洲岛兼具火山景观、海洋风光和海岛风俗等特色，在蓝天、白云、岩石、巨浪的交相辉映下美不胜收。

涠洲岛全景（蓝建强　摄）

在涠洲岛东南方向与之相距约 15 千米的是斜阳岛。两座岛屿都是由火山喷发、岩浆堆积而形成的基岩岛，岛屿沿岸由海蚀陡崖、海蚀洞穴和珊瑚岸礁构成奇观异景，素有"大蓬莱""小蓬莱"的美誉。

涠洲岛和斜阳岛及其周围海域物产丰富，很早就被中国古人开发利用。唐代刘恂的《岭表录异》生动记载

人们登岛采珠的情形。太守每年亲自监督采珠人家潜水取珍珠,上贡的珠宝闪闪发光,人们还用竹签来串蚌肉烘烤下酒。

涠洲岛的地质构造属于喜马拉雅山沉降带、雷琼坳陷北部边缘的凸地。岛上地势平缓,由南向北倾斜,最高处位于东南角,海拔约79.4米。更新世以来,涠洲岛有5次以上的基性火山喷发。全岛被火山岩覆盖,地表土为火山碎屑岩的风化物及新生界含生物碎屑的砂泥沉积物,丛生亚热带型乔木、灌木和草本植物。

由于火山活动、地壳升降运动和经年的风雨、海浪作用,形成了以火山地貌、海蚀地貌、海积地貌为主的地貌类型。涠洲岛既有沙质海岸,又有岩质海岸,其中以岩质海岸最具特色。

【火山地貌】

涠洲岛现存两个古火山口,分别位于涠洲岛南部的南湾港中和涠洲岛东部的横岭山附近。南湾港的火山口形态近于椭圆形,东、北、西三面为由火山碎屑岩组成的弧形壁,高30～70米,具有明显的火山风化斜坡和残丘;在湾口东侧200米处,有状如猪仔的小岛屹立海中,是火山岩被海蚀后遗留的产物;南湾港周围分布着数层火山喷发形成的火山质碎屑岩,这些岩层中还分布着由火山口喷射到高空再溅落到地面的火山集块岩、火山渣、火山弹、火山熔岩,以及下落时冲击而成的冲击坑、环形小断裂、放射状小断裂等火山口喷发标志。

涠洲岛的火山熔岩（夏羽　摄）

涠洲岛火山口地质公园（引自罗劲松《壮美广西》）

【海蚀地貌】

由于涠洲岛特殊的火山岩地质构造，新构造运动引起地壳间歇性上升，地层裂隙发育，使岩石产生断层、节理，在海风、海浪、雨水长年累月的作用下，大自然的神刀把沿岸橄榄玄武岩和火山碎屑岩雕刻得奇丽多姿，形成了涠洲岛奇特的海蚀地貌景观，组合类型有海蚀基座阶地、海蚀平台、海蚀基岩滩。微地貌种类繁多，如活海蚀崖、死海蚀崖、海蚀洞、海蚀槽、海蚀残丘、海蚀蘑菇、海蚀凹穴、海蚀石脊、海蚀阶梯、海蚀拱桥、海蚀长廊、海蚀甬道、海蚀芽、海蚀沟、海蚀坑、海蚀龛等，千奇百怪。

【海积景观】

主要发育于涠洲岛的北东岸及北岸，组合类型有海积阶地、潮间沙滩。微地貌主要有古潟湖、现代潟湖、沙堤潮间沙滩、沿海滩涂、水下珊瑚岸礁等。沿岸沉积物有因风浪冲击剥蚀的岩块、砂粒，以及大量的生物残骸和动植物化石，并在波浪起伏的海滩上相对集中，呈长条状、带状的壳积线，各种贝壳五颜六色，品种繁多。陡崖岩石中有一些十分壮观的大型交错层，以及树干、树根和贝壳化石，栩栩如生的生物活动痕迹随处可见。

【生物景观】

涠洲岛沿海潮汐以全日潮为主，间有半日潮，最高潮位 4.88 米，最低潮位 -0.05 米，平均潮位 2.04 米。

潮间带生活有软体动物约 60 种，潮下带生活有软体动物 20 多种，腔肠动物 50 多种。涠洲岛的北面、东面及西南面 4～14 米深海域有宽阔的珊瑚岸礁，黄色、红色、绿色、褐色等各种颜色的珊瑚呈丘状、塔状、帽状、树枝状，多姿多彩，构成瑰丽绚烂的水下彩带。附近海域还生活着丰富的海洋脊椎动物，仅鱼类就有马鲛、石斑、海牛、海马、沙鲇、乌鲳等 500 多种。这些海洋生物在阳光的照射下，色彩斑斓，甚为壮观。涠洲岛是旅鸟和候鸟向西沙群岛、中南半岛及马来群岛迁徙的必经之地，每年秋冬季节大批鸟类到此停歇。常年居住在岛上的鸟类有 30 多种。

此外，涠洲岛是全国地下水资源较丰富的岛屿之一，岛屿北部地下水位 1～8 米，南部地下水位 8～50 米。岛上土质肥沃，草木茂盛，冬暖夏凉，是避暑和过冬的好去处。2004 年，美丽的涠洲岛被评为国家地质公园。

人文名山的守护

　　青山不老，万古长存。我国西南的群山见证了人类从远古洪荒披荆斩棘走到今天的万家灯火。当我们登上高山之巅，或者透过飞机的舷窗，凝望苍茫的陆地，是否发现那曲折回旋的公路、穿越山峰峡谷的铁路背后，那炊烟升起的村庄、车水马龙的城市背后，隐藏着一股什么力量？

　　不积跬步，无以至千里。我们的祖先最初与鸟兽共存于一片片原始山林之中，为了躲避风雨寒暑，寄居在一个个不起眼的岩洞里。在掌握生产生活的工具技术后，他们走出岩洞，走向更加广阔的山川大地建设家园。这是族群延续的天然使命，也是我们追求美好生活的力量牵引。

　　今天，我们通过考古回望历史，可以进一步理解人类与山共存的关系，深刻领悟大山对于人类的重要意义。

穴居之地

　　山林是动物繁衍生息的最佳场所，而岩洞是人类最早的栖息家园。

20 世纪 50 年代中期，有一件距今约 200 万年的旧石器时代早期巨猿上颌骨化石，在柳城县楞寨山硝岩洞中被发现。在同一时间，考古工作者还在武鸣县（现武鸣区）步拉利山、巴马瑶族自治县弄模洞等地，发现不少与人类接近的巨猿下颌、牙齿等化石。1973 年，考古工作者在百色盆地出土一批石斧，证明距今 80 万年前的旧石器时代后期，已有古人类在右江河谷丘陵地带生存。

随着时间的推移，原始人类来到了旧石器时代晚期。距今约 5 万年的柳江人，距今 3 万—2 万年的麒麟山人，以及距今 2 万—1 万年前的灵山人、荔浦人、干淹人、都乐人、九楞山人、宝积山人、九头山人、定模洞人、白莲洞人、甘前人等人类化石逐渐被发现。直至新石器时代，原始人已经迁徙到广西各地。

【百色高岭坡】

位于田东县林逢镇檀河村，是 1973 年发现的百色旧石器遗址群的关键性遗址，位于右江南岸的第四级阶地上。该遗址面积约 2 平方千米，顶面高出右江水面约 62 米，海拔约 152 米。在高岭坡遗址发现的石制品中有 600 多件出自砖红壤层。石制品类型有备料、石核、石片、断块和工具等，原料包括石英砂岩、硅质灰岩、石英岩、角砾岩、火山岩、水晶和燧石。经测定，这些是 80 多万年前古人类使用的工具。2001 年，百色高岭坡遗址被列入全国重点文物保护单位。

【柳江通天岩】

位于柳州市郊东南约 16 千米处的新兴农场内。1958 年 9 月，当地工人在通天岩东北坡挖掘泥土，发现一颗完整的人类头骨化石。经专家测定，头骨主人是距今约 5 万年前一名 40 岁左右的中年男性，被命名为"柳江人"。在"柳江人"化石附近还发现了大熊猫骨架化石。

【柳州白莲洞】

位于柳州市东南部莲花山上，距离"柳江人"所在的通天岩只有 2 千米。这里发掘出土的人类牙齿化石、用火痕迹、大量石器与骨器和哺乳动物化石，证明距今

柳州白莲洞文化遗址（引自周国兴《白莲洞文化——中石器文化典型个案的研究》）

3.7 万—0.7 万年前"柳江人"曾在此生活。该遗址于 1956 年发现，1973—1982 年先后被发掘。2006 年，柳州白莲洞遗址被列为全国重点文物保护单位。

【来宾麒麟山】

位于来宾市桥巩镇合隆村南面约 500 米处，山体为喀斯特孤峰，东西长约 150 米，南北宽约 110 米，高约 45 米，洞前为开阔的平原。考古工作者于 1956 年 1 月 14 日在山洞内发现 1 颗残破的人类头骨化石和零星的残破鹿牙、猪牙、肢骨破片，以及大量的斧足类与腹足类贝壳化石。经研究测定，这是距今约 3.6 万年前旧石器时代晚期的古人类活动遗存。1963 年，来宾麒麟山人遗址被列入广西文物保护单位。

远望麒麟山，好像一只卧地昂首的麒麟，麒麟山因此而得名（覃刚　摄）

【桂林甑皮岩】

位于桂林市南郊独山的西南麓，洞穴内面积约 400 平方米，于 1965 年被发现，历经 1973 年和 2001 年两次大规模的发掘。甑皮岩出土的石器、骨器、蚌器、陶器和动物骨骼等遗物及 30 余具人骨遗骸，证明距今 1.2 万—0.7 万年之间已有人类在桂林盆地生活。走进甑皮岩，可以了解古人类的生活场景以及他们创造的灿烂文化。2001 年，桂林甑皮岩遗址被列为全国重点文物保护单位。

桂林甑皮岩遗址远景（引自谢光茂《远古回眸——广西史前考古探秘》）

【南宁顶蛳山】

位于南宁市邕宁区蒲庙镇新新村九碗坡东北侧，是广西面积最大和保存最完好的新石器时代贝丘遗址。顶蛳山贝丘遗址于1994年被发现，至今共出土400多具古人类遗骸及上千件陶片、石器、骨器、蚌器和贝类、牛、鹿、象、鸟等多种动物的骨骸，呈现了距今1万—0.6万年前人类生活的图景。2001年，南宁顶蛳山贝丘遗址被列为全国重点文物保护单位。

【那坡感驮岩】

位于百色市那坡县城西北后龙山中部山脚，这是一个天然岩洞，呈喇叭状，高深皆数十米。岩顶垂挂怪异嶙峋的钟乳石，岩洞左侧底部有泉水冒出。在20世纪50年代和90年代，感驮岩先后出土了大量陶器、石器、骨器、牙璋和炭化稻、炭化粟及动物骨骼。这些遗存经研究确定为距今4700—2800年，从新石器时代晚期一直延续到青铜时代。2006年，那坡感驮岩遗址被列为全国重点文物保护单位。

见证沧桑

人类掌握了农业生产技术以后，开始大胆地走出岩洞，在山坡脚下、河边台地、水口码头等相对平坦的地方，围起篱笆，圈养动物，实施耕作。人们靠山吃山、靠水吃水，日出而作，日落而息，并开展各种祭祀和社交活动，形成了爱山拜山的传统。那些经历风吹雨打仍然屹立不倒的山，在日日夜夜守护着人们，见证着沧海桑田的历史巨变。

【宁明花山】

花山，壮语称岜莱，指画有图画的、花花绿绿的山。宁明花山海拔345米，位于崇左市宁明县城北面约15千米处的明江东岸，临江悬崖一面如刀削斧劈，石壁垂直如屏风。公元前5世纪至公元2世纪，壮族人的祖先骆越人登上陡峭的崖壁，以赤铁矿粉为颜料，绘制了许多赭红色的画作。清光绪九年（1883年）的《宁明州志》曾载有"花山……峭壁中生成赤色人形"的记述。类似的画作还广泛分布在崇左市龙州县、江州区、扶绥县境内的左江及其支流明江两岸的山崖石壁上，绵延200千米。据统计，共有79个点178处287组人像和众多铜鼓、武器、动物、舟船的形象，像是古人的艺术表达，又像是骆越人用来与后代交流的古老语言。2016年，左江花山岩画文化景观成功入选《世界遗产名录》。

花山岩画的图像（引自胡宝华、万辅彬、李桐《花山岩画》）

古老的广西明花山岩画屹立在江边，正在
伴随着壮族悠久的古老文化（蓝建盛　摄）

【田阳敢壮山】

位于右江中游的百色市田阳区百育镇六联村那贯屯。"敢壮"是壮语,"敢"是指岩洞,"壮"是指洞穴,"敢壮山"意为有岩洞和洞穴的山。敢壮山是一座喀斯特独峰,海拔 326.7 米,相对高度 198.9 米。山上有春晓岩,据《田阳县志》记载,从明代起,春晓岩成为右江河谷一带最大的壮族歌圩场所。每年农历三月初七至初九,周边山区大量群众聚集在山上或山前举行赛歌会。1927 年,韦拔群、黄治峰等领导的右江农民革命运动就从这里开始。1930 年 3 月,隐藏在岩洞内的赤卫队员和群众被国民党军队放火焚烧,有 24 人英勇牺牲。田阳县人民政府于 1999 年在此处设立"春晓岩遗址",以纪念革命先烈。

【柳州鱼峰山】

位于柳州市柳江南岸,由鱼峰山、马鞍山和处于两山之间的小龙潭组成,相传是刘三姐传歌并骑鱼升天成仙的地方。主要景点有南潭鱼跃、天马腾空、鱼峰歌圩、三姐岩、仙弈岩等。鱼峰山的立鱼峰突兀耸秀,形如巨鱼跃立潭面,"南潭鱼跃"由此得名,成为柳州古八景之首。与鱼峰山隔水相望的马鞍山海拔约 270 米,通高约 180 米,是观赏柳州全景的最佳之处。位于柳江南岸的小龙潭,又称南潭,潭西紧接立鱼峰。立鱼峰海拔约 157 米,通高约 68 米,是柳州主要的名山之一。徐霞客曾登上鱼峰山考察,称鱼峰山为"透腹环转,中空外达,八面玲珑"。2002 年,鱼峰山景区被评为国家 AAAA 级景区。

【桂林独秀峰】

位于桂林市靖江王城内，有"南天一柱"之称。山东麓的颜延之读书岩是桂林最古老的名人胜迹。山顶修建有独秀亭。独秀峰西麓有太平岩，高约 2.9 米，宽约 4.25 米，长约 31.5 米，面积约 133.9 平方米，北达雪洞。雪洞在山的西北麓，洞高约 3 米，宽约 5.6 米，深约 32 米，面积约 180 平方米，面向月牙池。明邝露《赤雅》记载："雪洞乳石最奇。"月牙池在山的东麓，为人工开凿，形如月牙，与东面的圣母、春涛、白龙并称为桂林四大名池。在月牙池畔上有中山纪念塔，为新桂系领袖于 1925 年所建。徐霞客在桂林城游览期间，因靖江王府管辖甚严，遗憾未能入内参观。

【南宁青秀山】

古代称青山、泰青岭，位于南宁市中心，山的南边即邕江，由青山岭、凤凰岭等 10 多座大小连绵的山岭组成，主峰凤凰头海拔约 289 米。山上林木青翠，以南亚热带植物景观为特色，气候宜人，是南宁城内群山之首，素有"城市绿肺"的美誉，也是南宁市最亮丽的城市名片，适合踏青郊游、赏花和登高。东晋时期，已有道人罗秀在山上泰青岭的撷青崖上炼丹。至宋明时，山上已先后建有白云寺、万寿寺、青山寺、龙象塔、董泉亭、云圃山房、白云精舍等，现在董泉西侧崖壁仍存有"阳明先生过化之地"的刻石。2014 年，南宁青秀山被评为国家 AAAAA 级旅游景区，是国家领导人、外国政要、商贾、中外游客来南宁考察参观和旅游度假的首选之地。

南宁青秀山龙象塔，俗称"青山塔"，始建于明万历年间，
是广西最高的塔。登上塔顶，远望或俯瞰，古老而美丽
的南宁焕发着现代化的勃勃生机（包图网　提供）

　　站在青秀山的主峰凤凰头，可以环视整个南宁盆地。南宁盆地位于右江、左江汇合口，东至邕宁的邕江河岸两旁，西北部和北部为高峰岭、昆仑关丘陵，东部有名山丘陵，南部为七坡丘陵，南北宽 12～15千米，东西长 22～25 千米，面积约 385.5 平方千米，海拔 75～85 米，全部由第四纪及近代河流冲积物组成，土壤较肥沃。历史文化名城南宁居于盆地中心的邕江河畔。

南宁青秀山风光（引自杨民《诗情画意绿南宁》）

从青秀山眺望南宁盆地，城区高楼林立，邕江穿城而过，南宁盆地尽收眼底（蓝建强 摄）

在地质构造上，南宁盆地属于断裂凹陷盆地，在燕山运动时期即已形成。自白垩纪末至第三纪期间，由于地势低下，形成了内陆湖盆沉积环境，沉积了白垩系和第三系地层。第四纪新构造运动使地盘间歇上升，形成了盆地内的数级阶地。冲积平原分布在邕江两岸的二级阶地面上。

【桂平西山】

古代称思陵山、思灵山，位于黔江、郁江、浔江交汇处的桂平城西约 1000 米处，海拔 678 米，地处北回归线上，是我国著名的七大西山之一。桂平西山是广西最完整的佛教圣地，也是全国十三大佛教圣地之一。主要的祠庵建筑有李公祠、洗石庵、龙华寺等。公元 6 世纪初，南朝梁武帝建桂平郡，郡城即设于西山半腰的大窝坪处。唐代明远法师在西山吏隐洞隐居羽化成仙。宋代理学家周敦颐和他的弟子程颢、程颐曾到浔州（今桂平市）讲学读书，他们畅游西山，并在李公祠南侧溪畔石壁上留下"畅岩"二字。1988 年，桂平西山被列为国家重点风景名胜区，2003 年被评为国家 AAAA 级旅游景区，2009 年作为桂平地质公园的一部分被评为国家地质公园。

【梧州火山】

位于梧州市南部西江河畔，与锦屏山相连。梧州火山并非火山喷发堆积而成的山峰，山上也没有大火燃烧，而是因古代梧州城居民隔江相望，看见山脉顶峰在夕阳的映照下明亮似火而得名。梧州火山上盛产美味的荔枝，每年荔枝成熟，"火山荔枝"名极一时。

【东兰列宁岩】

原名北帝岩，坐落在河池市东兰县南部武篆镇巴学村的一处石山脚下，为岩溶空落而成的巨大天然洞穴。洞口高达 43 米，宽 64 米，深近 140 米，洞内宽阔，仿佛明亮的宫廷大厅。100 年前，韦拔群在此开办农民运动讲习所，宣传马克思列宁主义，培养革命骨干，为后来的百色起义奠定了重要基础。1930 年，由红七军军长张云逸提议改名为列宁岩。1963 年，列宁岩被列为广西重点文物保护单位，现已成为广西重要的爱国主义教育基地。

东兰县列宁岩外景（侯珏　摄）

后记

从童年时代开始，故乡的山便成为我的良师益友。我对自然界的认识起源于山，曾一度以为山脚下的村寨就是世界中心，因为我们的世居之地，窝在山沟沟里。直至 16 岁离开家乡，第一次看见拔地而起的石峰，领略奇特的岩洞，才知道什么叫山外有山，别有洞天。

后来参加工作，陆续有机会登临广西各地高山，并通过搜集、览阅地方志，逐渐养成了查看地图、分析地形的习惯。有无数个夜晚，我通过电子地球软件纵览海内胜迹，俯瞰八桂山河；通过卫星图回到家乡上空，辨析童年走过的小路，思考个人与世界的关系。

山者，博物之所在，行者的修途，因深厚广大、坚定不移而能无声自高。如果没有前人积累下来的许多文献资料、科学数据作为参考，没有便捷的交通网络触达实地，仅凭一己之力很难在短时间、短篇幅内，从宏观上把握广西山脉格局，从微观上介绍群山特色。因此，我要向一切爱山、乐山的前辈们致敬，感谢各地摄影界的朋友们提供精美插图。

由于个人水平有限，本书难免有疏漏，还望读者朋友不吝批评指正。

侯珏

2023 年 8 月